[口袋版]

崔玉涛图解家庭育儿

•直面小儿护理

• 崔玉涛/著

获得更多资讯，请关注：

科学家庭育儿微信公众账号

人民东方出版传媒
東方出版社

崔大夫寄语

从2001年起在《父母必读》杂志开办“崔玉涛医生诊室”专栏至今，在逐渐得到社会各界认可的同时，我也由一名单纯的儿科临床医生，逐渐成长为具有临床医生与社会工作者双重身份和责任的儿童工作者。我坚信，作为儿童工作者，就应有义务向全社会介绍自己的知识、工作经验和体会。

从2006年开办个人网站，到新浪博客之旅，又转战到微博，至今已连续1400多天没有中断每日微博的发布，累计发布微博达6100多条，粉丝达到550万。在微博内容得到众多网友的青睐之时，我深切感受到大家对更多育儿知识的渴求。微博虽然传播速度快，但内容碎片化，不能完整表达系统的育儿理念。于是，2015年2月5日成立了“北京崔玉涛儿童健康管理中心有限公司”，很快推出了微信公众号“崔玉涛的育学园”和育儿APP“育学园”，近期又在北京创立了第一家“崔玉涛育学园儿科诊所”。其目的就是全方位、立体关注儿童健康，传播科学育儿理念，为中国儿童健康服务。

为了能够把微博上碎片化的知识整理成较为系统的育儿理论，在东方出版社的鼎力帮助和支持下，经过一定的知识补充，以漫画和图解的形式呈现给了广大读者。这种活跃、简明、清晰的形式不仅是自己微博的纸质出版物，而且能将零散的微博融合升华成更加直观、全面、实用的育儿手册。本套图书共 10 本，一经面世就得到众多朋友的鼓励和肯定，进入到育儿畅销书行列。为此，我由衷感到高兴。这种幸福感必将鼓励我继续前行，为中国儿童健康事业而努力。

此次发行的版本，就是为了满足更多朋友的需要，希望将更多的育儿知识传播给需要的人们。我们一道共同了解更多育儿理念，才能营造出轻松、科学养育的氛围。我的医学育儿科普之旅刚刚启程，衷心希望更多医生、儿童健康工作者、有经验的父母加入进来，为孩子的健康撑起一片蓝天，铺就一条光明之路。

2016 年 9 月 18 日于北京

目录
contents

1 小儿日常家庭护理

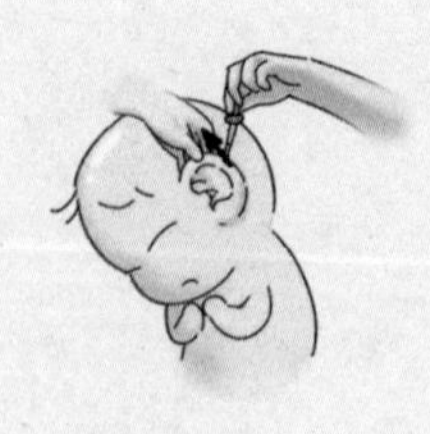

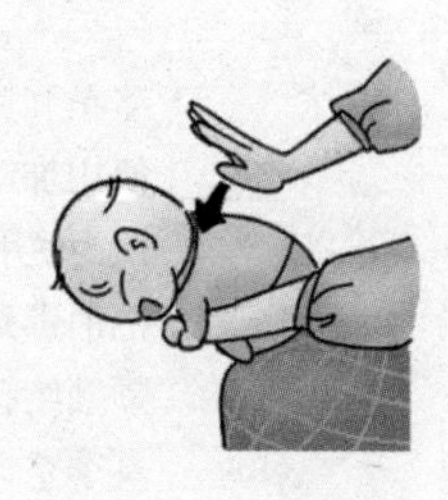

2 小儿常见意外伤害的家庭紧急处置

3 家长容易忽略的护理问题

崔大夫门诊问答

1 小儿日常家庭护理

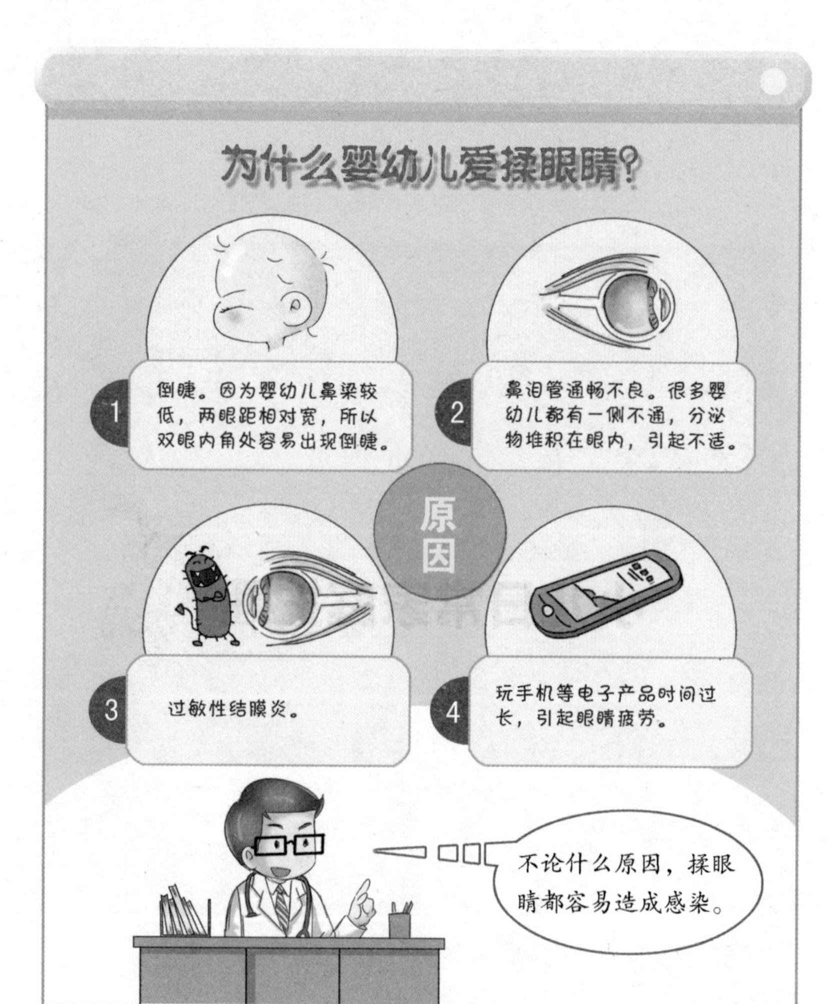
为什么婴幼儿爱揉眼睛？
1
倒睫。因为婴幼儿鼻梁较低，两眼距相对宽，所以双眼内角处容易出现倒睫。
2
鼻泪管通畅不良。很多婴幼儿都有一侧不通，分泌物堆积在眼内，引起不适。
原因
3
过敏性结膜炎。
4
玩手机等电子产品时间过长，引起眼睛疲劳。
不论什么原因，揉眼睛都容易造成感染。

如何护理小儿眼睛

很多家长都会发现，婴儿在一岁内通常会有一只眼睛分泌物较多，个别婴儿是双眼分泌物较多。这种现象不是鼻泪管阻塞，而是因发育问题出现鼻泪管通畅不良。鼻泪管连通眼睛和鼻部，它能将眼泪引流入鼻部吸收。由于眼泪产生正常，而通过鼻泪管的回吸收不足，所以导致一些眼泪积存于眼内。眼泪属于溶液，当水分蒸发后就剩余溶质——类似于分泌物的东西。在孩子感冒鼻子堵塞时会出现眼泪增多的现象，这同样是因为眼泪通过鼻泪管的吸收量减少，待鼻泪管疏通后自然会缓解。

婴儿眼内的黏稠分泌物若不能及时清除，容易造成继发感染。对于眼内分泌物多的情况，特别是每日清晨，家长应该用温热毛巾轻敷于分泌物多的眼上，几分钟后取下毛巾时会带走一些黏稠的分泌物。如果还有分泌物，可用生理盐水冲洗，并按摩眼内角下鼻梁部位。家长不必担心用生理盐水冲洗眼睛会使用过量产生副作用。清除眼内分泌物后，再按摩同侧眼内角下鼻梁处，有助于促进鼻泪管畅通。

如果没有确定感染，家长不需因此而给孩子使用抗生素眼药水或眼膏。感染的症状是孩子的眼分泌物呈黄绿色，而且结膜（白眼球）发红。如果没有感染却使用了抗生素，可能会造成眼内出现耐抗生素的细菌感染，形成难治愈的慢性结膜炎，结果会更糟。因为眼睛与外界相通，局部会存在一些细菌。正常的眼睛运动和眼泪会控制细菌种类和数量，不会出现感染。

如何给孩子点眼药水？

1. 家长可以在孩子睡着时轻轻扒开他的眼皮，让药水滴落在眼球表面，每次只要有一滴药水落入眼睛即可，注意药水瓶口与眼表要保持距离，以免弄脏瓶口。

2. 涂眼药膏的方法与眼药水类似，药膏挤出后让其自然坠落在眼表，不要用手指涂抹以免污染。溢出的药水或药膏可用棉签轻轻擦掉。

小技巧：

给孩子点眼药时，用两根棉签轻压孩子的上下眼眶边，使孩子的眼睛轻轻睁开，这样很容易就能完成点眼药的工作了。

鼻泪管通畅不良是非常常见的现象，婴儿有鼻泪管不畅通的，多于出生后6个月至1岁内自行疏通。绝大多数随着生长能够自行解决，家长应该耐心等待。只有个别婴儿需要眼科处理，个别严重者才需接受疏通手术，而且鼻泪管疏通后很少复发。

还有的家长会发现孩子一只眼睛向内斜或向外斜，如果出生2～3个月之后还频繁出现这种现象，很可能是控制眼睛运动的肌肉比较薄弱，这种情况称为斜视，家长应该带孩子到儿童眼科检查，进行必要的检查和治疗。有的孩子会频繁眨眼、挤眼，孩子频繁眨眼可能与结膜炎、干眼症、视物不清、过敏、倒睫毛等有关，也可能与焦虑、疲劳、无聊有关。频繁挤眼应该与视觉疲劳、眼睛干燥和精神紧张有关，家长首先要带孩子去看眼科医生，排除眼睛问题后才可考虑使用心理治疗的办法。

早晨儿子不小心将食用盐弹到眼睛里了，疼得直哭，我没办法只能用舌头给他舔出来！现在眼睛红红的！要不要带他去医院？

如果眼内不小心进入异物，若没有烧灼感，最好用生理盐水冲洗眼睛。即使孩子闭着眼睛也可冲洗。

若有烧灼感，应立即带孩子到医院。处理后眼睛发红，可用生理盐水继续滴眼三天。若眼睛有分泌物可用抗生素眼药水滴三天。

不要用纸巾擦。

更不应用舌头舔。

现在经常看到两三岁的孩子沉迷于iPhone、iPad中，他们往往弓着身子，挡住光线，着迷地玩。虽然孩子可以暂时安静了，但对眼睛的发育真的很不利！

对电视、iPhone、iPad以及游戏机等电子产品，既不要一味接受，也不要一味拒绝。选择合理的时期推荐给孩子是家长的责任。对3岁内尚处于视力发育高峰期的幼童，不推荐iPhone、iPad、游戏机等小屏幕电子产品。即使大屏幕电视，也要选择儿童动画片，其夸张的颜色和慢速的动画与婴儿视力和眼睛运动相匹配。

6个半月的宝宝游泳的时候耳朵进了水，怎么办呢？

如果怀疑游泳、洗澡的时候，有水进入婴儿的耳道内，可在婴儿耳郭内放上松软的棉球，5分钟后取出。松软的棉球能将耳道内的水吸出。

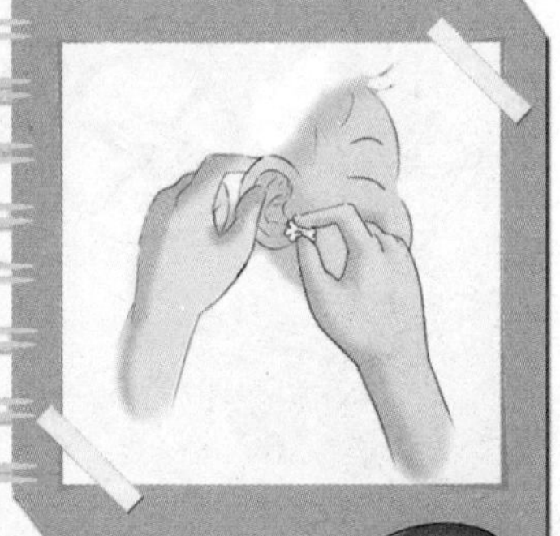

提醒：

耳道是远端密闭的管道，洗澡、游泳过程中，水很难进入深部。如果使用棉签等清理耳部，会把一部分水引导到耳道的深部，容易出现积水以后的继发感染。

如何护理小儿耳朵

很多婴儿都有揪耳朵、抠耳朵、拍头等习惯，家长多认为是耳道进水、中耳炎、耳垢等原因所致。实际上这样的动作多是两侧内耳发育不均衡所致。孩子如果真是中耳炎，会有哭闹、发热等现象。

“内耳”负责掌握人体的平衡，两侧内耳发育不够一致，会使人感到耳朵不适，如飞机刚降落时我们会感到耳内有东西存在一样。家长可以帮助孩子轻轻揉揉耳朵，缓解不适即可。这种情况会随着生长发育自行缓解，多于出生后半年至 12 个月内消失。家长不用担心孩子的听力会受到影响。

双内耳平衡上的轻度异常还可能出现晕车反应。带孩子玩转椅或秋千有助于内耳平衡功能的快速成熟。

由于婴幼儿末梢神经发育不够健全，也就是说孩子对疼痛没有成人敏感，经常在“抓”耳朵过程中，造成耳郭或外耳道“轻度创伤”。所以，出现一些局部抓痕，并不意味着情况的严重性。如果出现抓痕或少量出血，家长可以用清水或生理盐水擦拭局部。

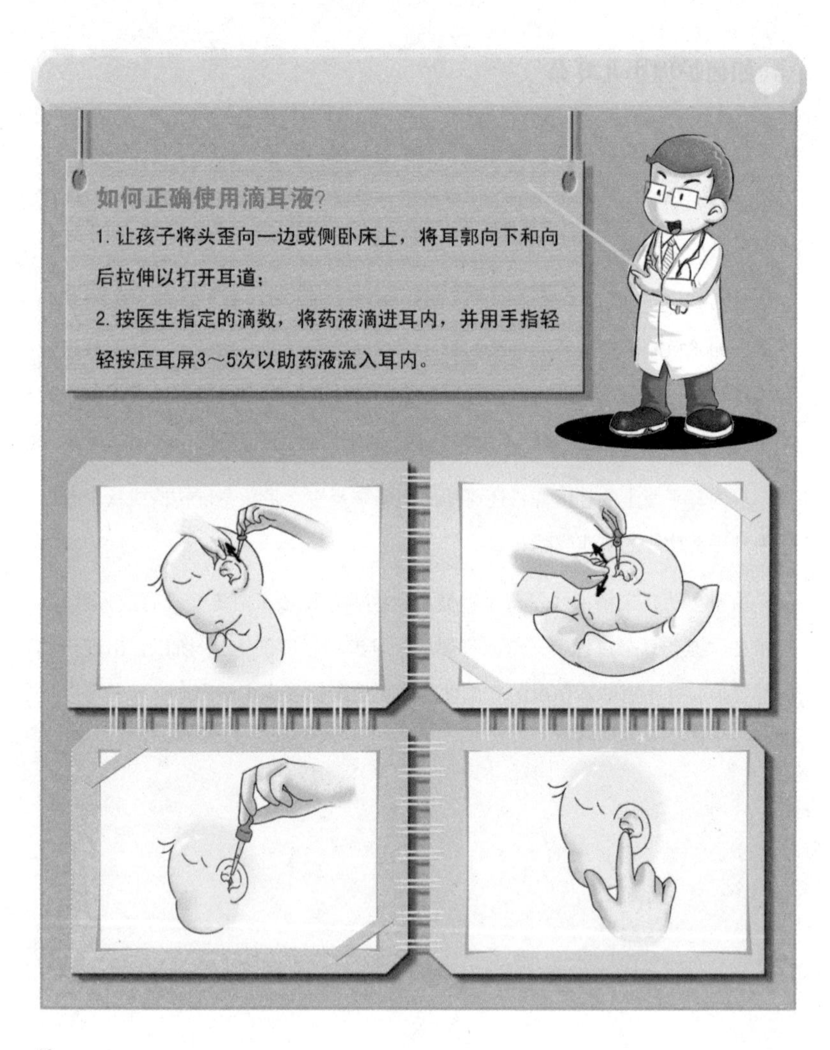
如何正确使用滴耳液?
1. 让孩子将头歪向一边或侧卧床上，将耳郭向下和向后拉伸以打开耳道；
2. 按医生指定的滴数，将药液滴进耳内，并用手指轻轻按压耳屏3～5次以助药液流入耳内。

如何给孩子清理耳垢

有的家长发现孩子耳朵内会出现结石样的硬耳垢，非常担心，其实，硬耳垢形成的原因有以下几个：

1. 出生时耳内存留的少许羊水；

2. 耳内分泌腺的持续分泌；

3. 洗澡时可能进水；

4. 婴幼儿易发的中耳炎。

耳垢本身对儿童不会造成伤害，适当机会取出即可，但若茫然去除硬耳垢，孩子一定会感到难忍的疼痛。家长帮助孩子取出硬耳垢时，建议先使用软化耳垢的滴耳液，比如碳酸氢钠滴耳液，使用时让孩子侧卧，每天一次，每次1～2滴，滴药后保持侧卧至少5分钟，连续使用5天，硬结的耳垢就会被软化。经这样处理后，耳垢就会非常容易除去了。

家长不要试图直接给婴幼儿清理耳垢，以免造成不必要的损伤。如果发现液体由外耳道深部流出，而且带有异味，尽早带孩子到医院检查，排除中耳炎。

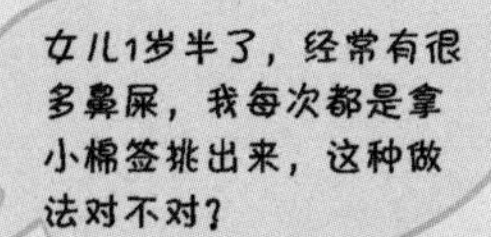
女儿1岁半了，经常有很多鼻屎，我每次都是拿小棉签挑出来，这种做法对不对？

鼻黏膜本身就是分泌腺，越刺激产生的分泌物越多。经常使用棉签或吸鼻器刺激鼻黏膜就会出现更多的分泌物。

千万不要认为我们能清除孩子鼻腔内的“全部”分泌物。

使用吸鼻器过程，是正压抽吸过程，对鼻黏膜刺激更大，或者说损伤更大。

如何护理小儿鼻腔

你有经常给孩子抠鼻子的习惯吗？很多家长都认为清理鼻腔分泌物易于呼吸、清除垃圾、预防感染。正常鼻黏膜本身是由具有分泌功能的细胞组成。平时分泌出的分泌物不一定就是垃圾。分泌物中含有的酶具有破坏病菌的功能，这些分泌物是预防感染的一道防线。

经常给孩子清理鼻腔的家长还会发现，越给孩子清理鼻内分泌物，分泌物反而会越多。这是因为鼻黏膜是由分泌性细胞组成的，它在受到过度刺激后，分泌会更加旺盛。过度清理也会导致鼻黏膜轻度受损，反而易受到进出鼻部病菌的侵袭。孩子经常打喷嚏、流鼻涕也是由于过度清理所致，并非鼻炎。因此，家长不要每天给孩子喷海盐水或用吸鼻器清理鼻腔。孩子不会因鼻内分泌物多而致呼吸受阻。

如果孩子出现因鼻部阻塞导致呼吸不畅时，一定要分清是鼻黏膜水肿所致，还是分泌物过多所致。如果鼻黏膜水肿严重，越用吸鼻器吸，肿胀越严重，应使用滴鼻液，致鼻黏膜适当收缩；如果真是鼻分泌物过多，可使用浸满橄榄油的棉签，既可清理鼻部，又可保护鼻黏膜。如果反复清理鼻内分泌物，会造成鼻黏膜受损，更容易出现鼻黏膜水肿，甚至鼻出血。除非感冒，鼻部肿胀严重影响呼吸时，才需使用药物促使鼻黏膜收缩。

孩子鼻塞属常见病症，家长可使用手电进行初步判断，可以从以下三方面考虑：

1. 鼻黏膜水肿。对于鼻黏膜水肿，应该采用消肿的喷鼻剂治疗，同时尽量减少对鼻黏膜的刺激。吸鼻器对鼻黏膜产生负压刺激，会加重鼻黏膜肿胀和刺激分泌物产生增多。
2. 鼻内分泌物阻塞。如果是分泌物过多，可以采用水蒸气、海盐水喷雾等方法软化和稀释鼻内分泌物，利于排出。
3. 以上两方面共存。

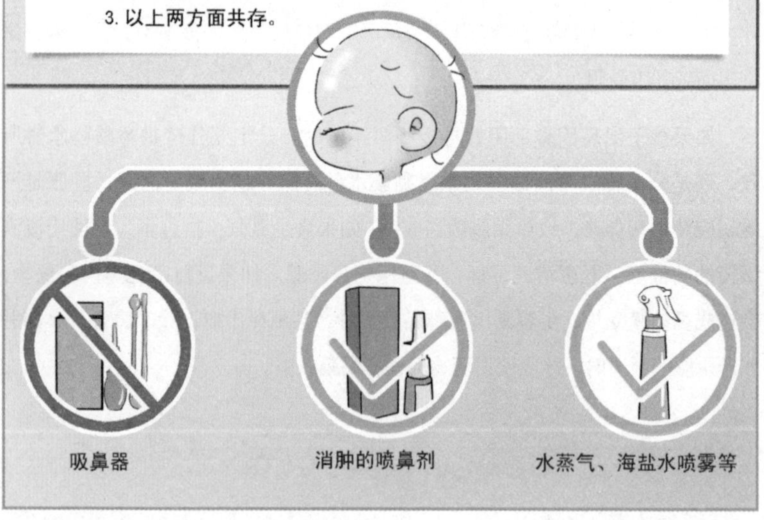

孩子鼻塞怎么办

孩子鼻塞时，首先要区别引起鼻塞的原因是分泌物阻塞，还是鼻黏膜水肿。

若鼻塞是因分泌物阻塞，对于黏稠分泌物，可使用浸满油脂的棉签涂抹鼻黏膜，清理分泌物，同时刺激打喷嚏，排出分泌物。若分泌物非常干，可先滴入少许海盐水，待分泌物软化后，用上述方法清理。

若因感冒等原因导致鼻塞，多是鼻黏膜水肿，吸入一定水分可利于鼻腔内分泌物排出，有效缓解不适症状。可吸入水蒸气，比如打一盆热水让孩子吸它散出的蒸汽，注意别烫伤孩子，或用浴室内制造的蒸汽等。除加热方式外，还可通过医用雾化吸入器将生理盐水制造成雾化气体。若用家用加湿器，使用时千万注意不要出现霉菌等污染。此外，还可先用温湿毛巾敷鼻，同样易于排出鼻腔内分泌物。若用以上办法后鼻塞解除效果仍不满意，可用不含麻黄素的喷鼻药缓解水肿，利于呼吸通畅。

不论何种原因造成的鼻塞，初步处理后，都要对鼻黏膜进行保护。保护鼻黏膜的方法很简单，可在每天早起和晚间睡觉前，用细棉签浸满橄榄油伸入鼻孔内，涂于鼻黏膜上，这样还可以减少分泌物分泌。坚持数周，使鼻黏膜有充足恢复时间，即可治愈鼻塞问题。

如何保护鼻黏膜？

保护鼻黏膜非常重要，可以使用浸满油脂，比如橄榄油、鱼肝油等的棉签涂抹鼻黏膜，将鼻黏膜与空气适当隔离。这样做有以下四个作用：

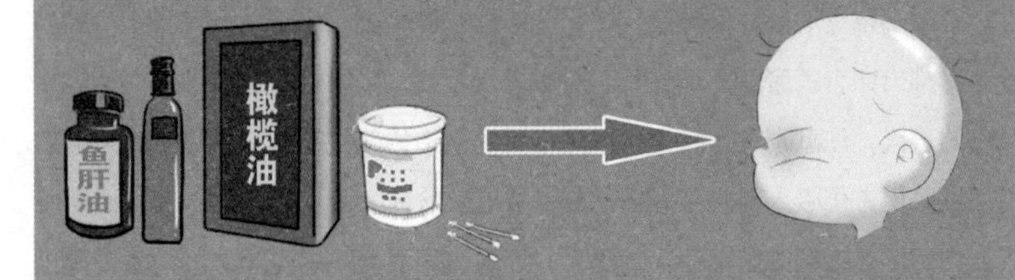

1. 如果鼻黏膜已经受损，可给鼻黏膜修复的机会；
2. 如果有过敏性鼻炎，可减少过敏原对鼻黏膜的刺激；
3. 如果分泌物过多，可减少分泌物的分泌；
4. 如果鼻黏膜正常，可避免干燥空气对鼻黏膜的损伤。

孩子鼻出血怎么办

鼻出血是婴幼儿常见问题之一。很多家长担心孩子经常鼻出血是否与血液病有关，实际上只要进行血常规检测即可轻易排除。

鼻出血主要与鼻黏膜受到刺激过多或过于干燥有关。秋冬季节是孩子鼻出血的高发季节。遇有孩子鼻内出现分泌物时，很多家长都会选择“及时、彻底”地清除，还有的家长每天都用吸鼻器“清理”鼻腔，这些过度护理的行为都会对鼻黏膜造成损伤性刺激。鼻黏膜下血管极为丰富。若鼻黏膜受损，在任何刺激下都极易出现黏膜破裂而出血。

流鼻血时，仰头或低头都没有任何辅助止血的作用。低头血会流出，似乎情况较重；仰头血会流入咽部，似乎出血减轻。其实不然，不论是孩子还是成人，流鼻血时的正确处理方法应该是立即向中线压迫流血侧的鼻翼 10～15 分钟，这样可获得有效的止血效果。流血止住后 2～3 天最好不要机械刺激出血的鼻腔。

若仅是鼻黏膜干燥所致鼻部出血，可每天早晚各一次用浸满油脂（如橄榄油）的棉签涂抹鼻孔内侧黏膜。因常见鼻出血部位就是鼻翼内侧鼻中隔部位的黏膜。坚持 2～3 个月，可有效免除鼻黏膜受干燥空气的侵扰，为损伤的黏膜修复创造时机，有效预防鼻出血，并且不会出现任何副作用。

如果频繁出现流鼻血现象，可到医院耳鼻喉科进行鼻部检查。

如何护理小儿口腔？

1. 首先要保持口腔清洁，所以孩子每次吃完奶或吃完饭后，家长要给他喝两三口白开水。

2. 随着孩子逐渐长大，家长要引导他学习刷牙，让他喜欢刷牙，在保证口腔清洁的状态下，好好刷牙才能真正做到很好的口腔护理。

3. 杜绝孩子可能损害自己牙齿的习惯，比如叼着奶头睡觉等。

错误做法

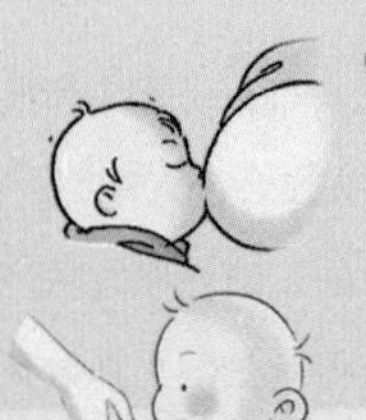

孩子出了牙喂奶会不会很痛啊？

孩子刚出牙或在长牙过程中，由于牙龈不适，接受母乳喂养时可能会咬妈妈乳头。为了减少咬乳头现象，妈妈在喂奶前，手指缠上湿纱布按摩孩子的牙龈，缓解牙龈不适感后，即可避免或减轻这种现象。

如何护理小儿口腔

多数家长比较关心孩子什么时候应该开始刷牙这个问题，其实，家长首先应该考虑如何清理孩子的口腔。

在决定给孩子开始刷牙前，一定要想到口腔是否能够得到很好的清洁，否则即使牙齿刷得非常干净，若口腔内有食物残留，孩子闭嘴后残留物仍然可以附着到牙齿上。所以，可以在孩子每次吃奶或进食后，喝 2～3 口白水用来清洁口腔，这比刷牙还重要。清洁口腔是保护牙齿的第一步。建议先养成进食后喝清水的习惯，再逐渐通过游戏方式使孩子接受刷牙。

现在给孩子刷牙的工具繁多，有擦布式、指套式等，当孩子出牙后家长可以通过软布或指套牙刷为孩子清洁牙齿，这种清洁牙齿的方式可以持续到孩子 1 岁半。刚开始给孩子用指套牙刷清洁牙齿时，孩子往往不愿意配合，常常以哭闹收场。1 岁半后，家长刷牙时，可给孩子一个小牙刷，让孩子在旁观摩，从而学刷牙。当孩子喜欢上刷牙的动作后，再逐渐引导刷牙的姿势。当刷牙的姿势比较正确时，开始使用可吞式牙膏，刷牙就渐入正轨。需要注意，千万不要为了完成任务而给孩子刷牙。刷牙是一辈子的事情，诱导孩子喜欢上刷牙最为重要。家长要注意使用技巧，强迫、诱惑等都不持久，还可能导致孩子抵抗刷牙。建议家长在哼唱歌谣、自己做示范的时候引导孩子喜欢上刷牙。刷牙是一种习惯，需要慢慢养成。

有的习惯容易损害宝宝的牙齿，比如叼着奶头睡觉、口腔没有清洁好等。

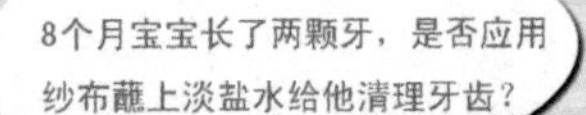

8个月宝宝长了两颗牙，是否应用纱布蘸上淡盐水给他清理牙齿？

这样处理看似积极，但有些不妥。清理牙齿固然重要，清洁口腔更为重要。而且没有必要使用淡盐水，以免导致婴儿味觉过早发育，出现厌奶或厌食。

宝宝学刷牙时用可吞咽牙膏对身体有危害吗？

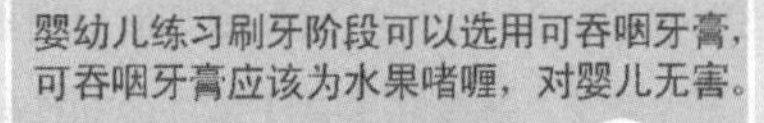

婴幼儿练习刷牙阶段可以选用可吞咽牙膏，可吞咽牙膏应该为水果啫喱，对婴儿无害。

如何应对婴儿长牙期不适

牙齿在牙龈内生长的过程会引起牙龈不适，可引起孩子哭闹，甚至低热。家长会发现孩子常会因牙龈痒而用手抠嘴。由于出牙会有不适感觉，一些婴儿通过咬自己的手指、拳头或其他物品来安抚自己。这种方式非常有效，就如同我们按摩酸痛的肌肉可以缓解疼痛一样。

使用牙胶、磨牙棒等轻轻按摩牙龈能够部分缓解出牙过程带来的不适。然而很多婴儿还是喜欢咬自己的手指、拳头，其效果与牙胶相同。有些家长担心磨牙棒被咬下一小节会噎着孩子。其实，磨牙棒是细面粉等压制而成，看似坚硬，但遇唾液会很快变散，一般不会出现噎着的情况。而胡萝卜、黄瓜条则不然，在使用它们做磨牙棒时，家长要特别警惕。

孩子在长牙期间还会因牙龈不适而频繁咬任何可以放入口中的物品。家长在自己的手指上缠上湿纱布帮助孩子按摩牙龈可能会取得一定效果。其实，孩子频繁咬硬物，自行缓解牙龈不适，不会带来不良后果。

孩子出牙时除了有牙龈不适外，个别孩子可能还伴有低热或胃肠不适。但是，不要将长牙期间孩子出现的发热、胃肠不适等现象轻易归结为长牙所致。出现问题时，应该仔细观察孩子的情况，咨询医务人员，只有排除其他问题，才能考虑与出牙有关。

是否应该每天给宝宝洗澡呢？

这个问题与家长的经验、室内温度等因素有关。但每天洗澡用浴液，澡后再涂婴儿油，这种说法是站不住脚的。

婴儿皮肤本身分泌的油脂对皮肤健康相当重要，他们能很好地保护婴儿的皮肤。

建议平时用温水给宝宝洗澡，每天不超过15分钟。

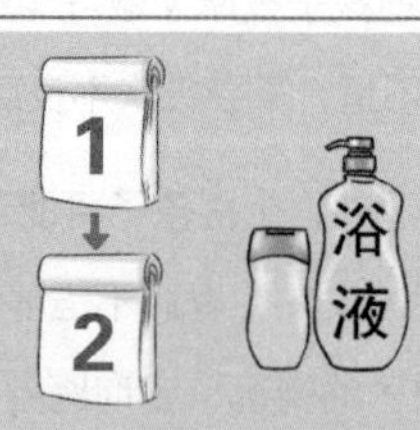

如果皮肤上油脂很多时，一两个星期使用一次浴液就足够了。

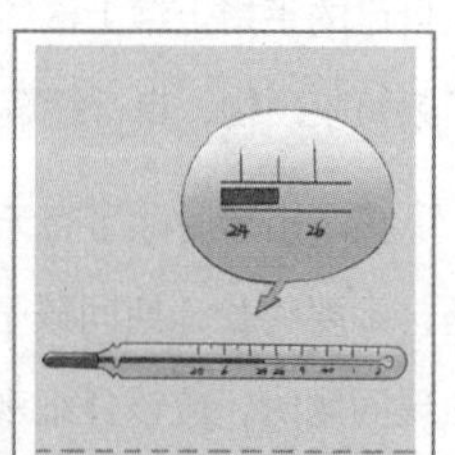

洗澡时注意室温要保持在24℃～26℃，并且没有直吹风。

如何给小儿清洁皮肤

婴儿的皮肤非常娇嫩，容易出现各种各样的问题。因此，细心的呵护是必不可少的。

那么，小婴儿的皮肤应该如何清洁？每天用温热的清水清洗皮肤——洗澡即可，包括出现湿疹的部位。家长会问为什么用清水洗澡，而不使用浴液？这是因为皮肤本身会分泌一层油脂，就是摸起来滑滑的物质。如果经常用浴液洗澡，这层油脂就会被洗掉。油脂层被洗掉，皮肤就会裸露在空气中。实际上，空气中含有的各种各样的刺激物，包括细菌在内，就会直接刺激皮肤，皮肤就会出现炎症反应。所以，保护皮肤上的油脂对于皮肤健康相当重要。对于婴幼儿，特别是一天都不出门的小婴儿，他们能有多脏呢？有必要天天使用浴液吗？其实没必要。如果皮肤上油脂真的很多时，一两个星期使用一次浴液就足够了。平常用温水洗澡，这层油脂不会被破坏，就能很好地保护婴儿的皮肤了。如果说孩子出门了，去了一些比较脏的地方，使用浴液洗澡后，再给孩子涂抹一些护肤品，在皮肤上能很快形成保护层。

洗澡可以促进人体循环，利于代谢和皮肤散热，还有利于呼吸道内水分增加，有助于上呼吸道症状改善，孩子有发热、咳嗽等症状时都可以洗澡。

宝宝4个月，小脸有点干，给他抹了点护肤品，可过了一会儿脸变红，长了小疙瘩。两天了还是有点红，干燥。这种情况怎么处理？

使用护肤品后脸部发红，有小疙瘩，就说明皮肤对此护肤品出现了不正常的反应，多为过敏，必须停止使用。

如果皮肤反应严重，还应该使用含有激素的药膏涂在出现反应的皮肤处。

短期局部使用含激素药膏，不会对婴幼儿生长发育造成不利影响，不必为此担忧或恐慌。

如何给小儿选择护肤品

做完清洁后接下来是如何给婴儿选择护肤品的问题。现在生产婴儿护肤品的厂家很多，婴儿护肤品也有很多种，比如润肤露、润肤霜、润肤油、防晒霜等。护肤品的选择非常重要，千万不要听别人说这个护肤品很好，就买给自己的孩子用。别的孩子可能用得很好，但不一定会适合自己的孩子。

不管选择什么品牌的护肤品，也不管给孩子使用哪一类护肤品，家长在使用前要把握一些原则：

首先要确定孩子的皮肤是否完整。因为在皮肤破溃时使用的护肤品，如果不能直接被血液接受，就可能出现血液对护肤品成分的“反抗”。所以在皮肤不完整的时候，绝对不能随便使用护肤品。

孩子有皮疹时，比如痱子或汗疱疹，皮肤表面是完整的，这时对孩子选择护肤品的要求并不高。但如果遇到了湿疹，粗糙的皮肤有小裂口，甚至有渗水的时候，绝对不能随便用护肤品。

其次，要观察使用过这种护肤品后孩子的局部皮肤有没有异常反应，比如有没有红、肿、痒等，如果出现这种异常反应，马上停掉，并且接下来至少3个月不要再使用。

总之，小婴儿的皮肤护理需要注意的就是，在保证婴儿皮肤完整的基础上，尽可能保护婴儿皮肤自身分泌的油脂，酌情使用非常安全的婴儿润肤露或润肤霜。

夏天外出怎么给孩子防晒?

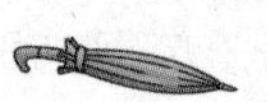

可以穿长袖衣服、戴大檐帽、用遮阳篷或遮阳伞等物理方法防晒，必要时还可以使用适合婴儿的防晒霜。

多大的宝宝可以用防晒霜呢?

6个月以后即可使用SPF15的防晒霜。

需要两个小时补一次吗?

需要。

现在防晒霜的品牌那么多，用哪种好一些呢?

家长只要选择自己信赖的品牌即可。很多药妆产品都推出了适合婴儿使用的防晒霜，家长可以选择。

孩子皮肤晒伤怎么办?

如果皮肤晒伤，回家后用凉毛巾湿敷。

夏日如何给小儿防晒

家长应多带孩子到户外活动，以沐浴阳光的照射。这样不仅对呼吸道有好处，皮肤也会受益。

有些家长询问出门前是否该给孩子涂防晒霜，以防皮肤受损？推荐家长首先通过给孩子穿长袖衣服、戴大檐帽、用遮阳篷或遮阳伞等物理方法防晒，如果是在海滩或空旷地等孩子必须受到紫外线照射的情况下，再使用婴儿防晒霜。现在市面上有很多防晒霜，有些还是专为婴幼儿提供的，但是防晒霜毕竟是一种化学物品，对孩子娇嫩的皮肤会有刺激。虽然过多光照可能会造成皮肤损伤，但只要不是强光暴晒皮肤，不是在海滩等环境中，皮肤就不会受到损伤，当然也不是必须给孩子使用防晒霜。若外出时躺在小车内，可用遮阳罩；若外出时被抱着或自行玩耍，为防止直晒以及强光对眼睛的损伤，可给孩子戴上大檐帽；还可以选择在树荫下或者有遮挡的地方玩耍。若使用了防晒霜，回家后要记得及时清洗掉。

注意千万不要选用儿童专用的墨镜，由于孩子眼睛处于发育中，本身屈光就不正。谁又能保证孩子戴的墨镜不存在屈光问题？即使进口的眼镜也不能保证一定安全，千万别为此影响了孩子的眼睛发育。

让孩子多晒太阳促进皮肤产生维生素 D 是传统的说法，目前有足够的食物或是添加剂可以使孩子摄入足够的维生素 D，不必再借助晒太阳的方法。相反，避免暴晒后皮肤受到创伤是需要特别注意的。

孩子颈部有小肿物怎么办?

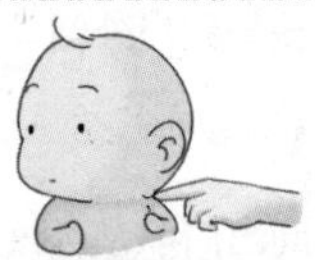

1. 家长经常无意中会摸到孩子颈部有可活动的、比蚕豆小的无触痛小肿物，这是孩子的浅表淋巴结，是正常的，不需要担心。

2. 如果是淋巴结本身发炎，肿物会比蚕豆大，并有明显触痛，摸着有发热的感觉，应看医生。

婴儿竖抱时头总是往后仰正常吗?

竖抱孩子时出现后仰现象，说明孩子的颈部肌肉发育还不能承受竖立的头。遇到这种情况，停止竖抱，让孩子尽可能多趴在床上。通过抬头逐渐锻炼孩子的颈背部肌肉。只有颈背部肌肉“结实”了，竖抱时才可能不后仰。6个月之内的孩子都不应竖抱。

如何护理小儿颈部

包括新生儿在内的 1 岁以内婴儿由于颈部相对较短，加上汗液或奶汁留存局部，颈部皮肤特别容易出红疹、溃烂、脱皮，甚至感染。给孩子局部使用痱子粉、润肤露、抗生素药膏都会有一定效果，但都不理想。保持颈部干燥、透气是非常快速有效的方法。保持颈部皮肤干燥的原则是：

1. 尽可能多地让孩子俯卧。让孩子经常趴着，抬头时颈部皮肤褶皱可以分开，保持颈部透气；

2. 清洗颈部后，可用吹风机弱档热风将局部吹干，再用干、软的纱布置于颈部，2～3 小时更换一次；

3. 不建议用爽身粉，以免孩子将其吸入呼吸道；

4. 任何药物效果都有限。

有些家长会突然发现孩子耳后或颈部有一个或几个近似黄豆至蚕豆大小的椭圆形肿物，可以活动，没有压痛。家长不必担心，这应该是浅表淋巴结。人体有几处浅表淋巴结，比较容易触摸到的是耳后颈部、腋窝、腹股沟等部位。平时淋巴结较小，类似绿豆到黄豆大，遇局部皮肤等感染，出现炎症后，比如上呼吸道感染或头面部湿疹后，颈部局部淋巴结可能增大，有时可达蚕豆大，以后又会逐渐缩小，但很难消失。这是正常现象，无需任何治疗，也不会对孩子造成任何伤害。但如果家长发现“肿物”过大，应该看医生。

新生儿如果不枕枕头容易吐奶后呛着，很危险，枕枕头又容易造成气管弯曲，怎么办才好呢？

预防新生儿吐奶后呛奶不应靠枕枕头来解决问题。

吐奶是进入胃内的奶汁又通过食道反流进入口腔的过程。当孩子再次吞咽时，如果吞咽不良有可能造成奶汁刺激喉部引起呛奶。

若想预防吐奶和呛奶，应该将孩子的床置于15度斜坡状，而不是仅仅将头部抬高。

何时给孩子用枕头

很多家长咨询何时给孩子用枕头的问题。人在睡觉时为什么要枕枕头？人体平卧时由于颈部前屈的生理原因，不枕枕头会出现呼吸道压迫，感到呼吸不畅，颈椎还会受到异常牵拉，造成颈部不适。但是婴儿会独立坐（生后6～9个月）之前，颈椎还没有形成颈部前屈，是平直的，枕枕头反而会造成气道弯曲，引起呼吸相对不畅。颈部前屈的生理形成时间应该发生于婴儿会坐以后。因此，婴儿在会坐前是没有必要枕枕头的。

当婴儿开始独立坐（生后6～9个月）后，颈椎开始前曲，以保持人体平衡。随着长大，颈曲相对固定。枕枕头是为了仰卧睡眠时对抗颈曲引起的气道相对不平直状况。如果会坐后，孩子睡觉不枕枕头，且睡眠时没有呼吸不畅的现象，可遵从孩子的习惯，不用强迫孩子枕枕头；如果呼吸出现“呼噜”声，就应该诱导孩子枕枕头。何时开始枕枕头不是以年龄为标准，应以发育为依据。注意枕头不要太厚。俯卧睡眠则不用考虑此问题。

家长除了要注意在合适的时间开始给孩子枕枕头外，还要仔细选择枕芯的材质，关注枕头的清洁晾晒。家长们习惯选择小米、茶叶、荞麦皮等做孩子枕头的枕芯，这并无不妥，关键是应定时清理或更换枕芯。婴幼儿睡觉时易出汗、易流口水、偶尔吐奶等会造成枕芯被浸湿，易造成枕芯内容物发霉。长期受到霉菌刺激，必然会出现呼吸道症状，长久还会引发过敏。因此，不仅要常清洗枕套，还要定时更换枕芯。

婴儿肚脐如何护理？

1.脐带残端脱落前不仅需要消毒残端，而且还要消毒脐窝，并保持脐窝干燥。

2.婴儿脐带脱落后，脐部仍可见少许血性分泌物，可使用碘酒、酒精、双氧水等消毒、清洗。

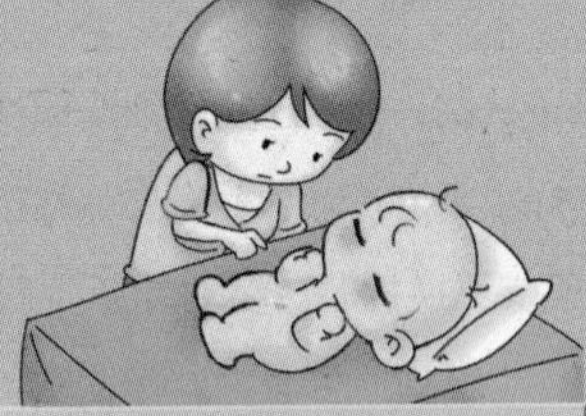

3.观察脐窝内是否有新生肉芽产生。若怀疑脐窝内有新生肉芽组织，应带孩子到医院，由医生进行硝酸银烧灼或其他方法处理。

孩子1岁半，肚脐时常发炎红肿，有黏液流出，还有股臭味，怎么回事？

肚脐经常红肿还会有渗液，不应仅考虑是发炎所致，很可能是膀胱与脐部间有一漏管，称为脐尿管漏。建议到医院就诊，B超检查可协助诊断。

如何护理小儿肚脐

脐带连接胎儿于胎盘上，是孕期胎儿从母体获得营养的必经通道。肚脐是脐带唯一的可见残留物。

出生后断脐的残端在空气中很快干燥，形成蘑菇样附着于肚脐上，不仅摩擦肚脐，还会遮挡局部，致使局部分泌物不易排出，甚至形成血性分泌物。脐带残端脱落前不仅需要消毒残端，而且还要消毒脐窝，并保持脐窝干燥。

婴儿出生几周内，脐带残端即可脱落，肚脐即可愈合。脐带残端先是变硬、变黑，会时常与尿布或衣服发生摩擦；然后，脐窝内会有少许出血、少量清亮的渗液或轻微出现感染；最终，脐带残端脱掉，形成肚脐。肚脐有时向内凹陷，有时向外凸出。肚脐的最终形状与其周围肌肉的附着方式有关，而与脐带的结扎方法无关。

在肚脐愈合过程中，脐带残端渗出清亮的液体黏如糖蜜，家长无须为此担忧。愈合中的伤口，经常存有轻微的感染，所以会有渗液。不论清亮的液体还是淡黄色稠厚液体，都是愈合中的脐带残端渗出的液体，属正常现象。如果黄色渗液类似于尿液并伴有尿味，或渗液具有恶臭味，就属结构异常或者局部感染征象。

婴儿脐带脱落后，脐部仍可见少许血性分泌物，可继续使用碘酒、酒精、过氧化氢等消毒、清洗。同时一定观察脐窝内是否有新生肉芽产生，若怀疑脐窝内有新生肉芽组织，应带孩子到医院，由医生进行硝酸银烧灼或其他方法处

脐 

形成原因：

胎儿期脐带出入的腹壁肌肉处留有的圆形缺损，在完全长好前，腹腔内的小肠从连接的薄弱处向外凸出所形成。

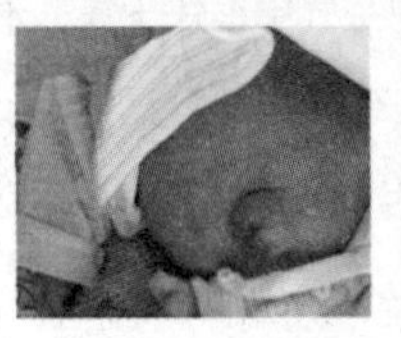

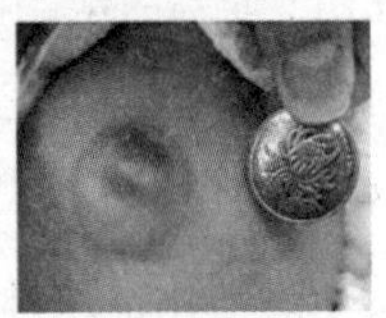

诱发因素：

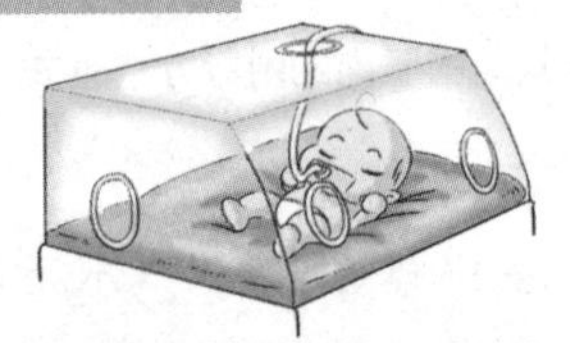

早产、肠绞痛都会诱发出现脐疝

易发婴儿：

4~6个月前的婴儿

应对措施：

脐疝期间，家长不需做任何措施阻止减缓脐疝。用硬币等按压没有效果。一般数月内随早产婴儿长大，在4~6个月后，随着肠绞痛不断缓解，脐疝也会随之逐渐改善，直至消失。但少部分脐疝需要手术治疗。

理。若脐带脱落后，脐窝内总有淡黄色液体渗出，也要带孩子到医院检查。

部分婴儿在脐带脱落后，会出现“脐疝”。其形成原因是胎儿期脐带出入的腹壁肌肉处留有的圆形缺损在完全长好前，腹腔内的小肠从连接的薄弱处向外凸出所形成。

早产、肠绞痛都会诱发出现脐疝。一般数月内随早产婴儿长大，在 4 ~ 6 个月后，肠绞痛不断缓解，脐疝也随之逐渐改善，直至消失。脐疝期间，家长不需做任何措施阻止或减缓脐疝。不论什么方式，都要等到肠绞痛缓解和腹部肌肉逐渐长好。

当肚脐愈合后，色素会经常聚集于“崭新”的肚脐深部，看起来似乎很脏。沉积于肚脐内的色素可能会伴随人的一生，至少也会伴随数月。肚脐的色素层脱落得越频繁，其颜色会变得越深，越区别于身体其他部位皮肤颜色。

如何护理男婴的外阴？

1 男婴的外阴非常容易护理，每天洗澡时冲洗外面即可。

2 尽量不要上翻包皮，男孩出生后头3年，包皮与龟头相粘连，所以不能上翻。

3 如果包皮垢较多，清水冲洗效果不好，可在包皮和龟头处涂上橄榄油1～2分钟，再用浸满油的棉签轻轻擦拭，就会非常容易地去除所有包皮垢。

如何护理男婴外阴

很多男婴的家长越来越关注婴儿包皮问题。男婴的外阴非常容易护理，每天洗澡时冲洗外面即可，不需要特别护理。有时男婴包皮下会积存一些正常废物——包皮垢（包皮与龟头间的乳白色物质），家长会发现用清水冲洗、擦洗包皮垢效果不好，还会遭到孩子的反抗。其实处理方法非常简单，包皮垢属油脂类分泌物，溶于油，在包皮和龟头处涂上橄榄油 1～2 分钟，再用浸满油的棉签轻轻擦拭，就会非常容易地去除所有包皮垢。

男孩出生后头 3 年，包皮与龟头相粘连，所以不能上翻。男婴在出生后，包皮与龟头粘在一起，之间没有缝隙，细菌也不会进入。撸包皮或翻包皮，就会造成包皮与龟头之间出现缝隙，细菌就可进入，有可能造成感染。经常上翻包皮还会因刺激而造成局部损伤，引起局部肿胀，增加孩子的心理负担。家长不必担心现在不给男婴撸包皮会导致以后出现问题。

3 岁内，绝大多数男童都表现为包皮过长或包茎，此间很难出现包皮感染。3 岁后男童的包皮与龟头逐渐分离，这个过程会持续较长时间，有些会因细菌进入包皮与龟头间隙内而出现包皮下感染，局部消炎或清洗即可控制和治疗感染，对未来的生理功能不会产生影响。包皮与龟头分离后，包皮会自然上翻（最早也要到 2～3 岁），10 岁之前基本就能分开。当包皮与龟头分开后再进行常规的上翻包皮清洗，那时清洗局部也就容易了。5～6 岁以后再评估孩子是否包茎，只有真正的包茎才需手术。

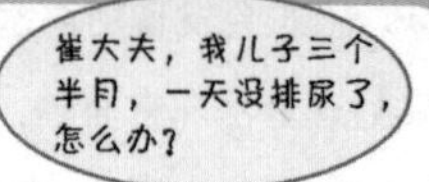
崔大夫，我儿子三个半月，一天没排尿了，怎么办？

孩子的小阴茎头极度红肿，局部消毒和表面麻醉后，轻轻分开包皮口，就有黄色脓液涌出。

孩子这种症状是怎样造成的？
我每天都给孩子分离包皮做清洁。

这就是问题所在。出生后包皮与龟头粘在一起，之间没有缝隙，细菌也不会进入。撸包皮或翻包皮，就会造成包皮与龟头之间出现缝隙，细菌趁虚而入，就可能造成感染。

崔大夫，宝宝有过两次泌尿系感染，医生说包皮过紧，有污垢，让用黄连素泡生殖器并撸起来洗，我们怕对宝宝以后有影响洗了一两次作罢。这种情况该怎么护理呢？
男童如果出现泌尿系感染，首先要考虑泌尿系统先天畸形，比如输尿管狭窄、后尿道瓣膜等。不要轻易用包皮过紧等给予解释。通过B超能够清楚地了解泌尿系统解剖结构和发育状况，因此必要时可以做B超检查。

孩子小便时会有个小鼓包，平时是否需要帮他把包皮往上推推？2~3岁时需要手术的话，是全麻的手术吗？

排尿时，阴茎头鼓出小包，且尿流细，应该属于包茎。包茎限制了尿流从包皮口的排出，但尿道口排出是正常的，因此出现排尿时包皮内存留尿液的现象。此状况不需行包皮环切，只需在局麻下进行扩张包皮口即可。

男孩是否要包皮环切

有些家长会问，为什么在有些西方国家，孩子一生下来就会为其割除包皮，是不是包皮切除掉更好？

一些西方国家流行新生儿割除包皮，有其独特的宗教和文化背景。有研究表明，包皮环切后，可减少阴茎头局部感染及泌尿系统感染、减少性传播疾病和阴茎癌的发生。但事实又表明，婴儿期男婴的包皮粘于阴茎头上，可避免尿、便及尿布对阴茎的损伤。除了有预防损伤的功能外，包皮内存在的神经末梢还能增加成年男子性生活中的性快感。因此，排除宗教和文化因素，包皮环切是否有必要目前并没有一个定论。

此外，虽说包皮环切手术是一种十分简单的手术，但不是所有的男孩都可以接受的。首先，孩子应该能接受麻醉。新生儿对疼痛不敏感，局部涂些麻药即可，较大的男孩或成人就要接受正规的麻醉了。另外，患有血液系统疾病或其他严重疾病的儿童不能接受手术。还有包皮发育异常，如尿道下裂，也不能接受手术。

手术毕竟是手术，都会伴随一定的危险。术中出血、术后疼痛和感染是常见的问题。当然，仔细护理孩子可减少这些病痛。若手术医师去除包皮过少，以后还会出现包皮发炎和粘连的问题；若去除包皮过多，可造成阴茎今后发育受阻。所以，要请有经验的医师进行手术，才可避免这种问题。

在中国，3 岁后的男孩如果不是因为严重包茎、反复包皮感染、排尿困难或反复感染等，不需进行包皮环切术。男孩成人后，由于包皮出现问题或疾病的还是极少数，世界上接受了包皮环切的男人还只有少数。

如何护理女婴的外阴？

1.平时在更换尿布期间，适当清理外阴即可。可用温水从上至下冲洗局部，将表面的附着物和细菌冲掉就可以了。

2.注意不要过度清洁。会阴部有层分泌物保护局部，可预防小阴唇粘连。经常用湿纸巾擦拭会阴部，或想尽办法去除会阴部乳白色分泌物等都属于过度清洁。

女宝宝私处有部分粘连要处理吗？

女婴小阴唇出现部分粘连时，若未超过1/2，可继续观察，一般到青春前期可自行分开；若排尿费劲、泌尿道感染，或虽无症状但粘连部超过1/2，应局部使用雌性激素药膏或手术分离。

如何护理女婴外阴

有的家长可能会发现，刚出生几天的女婴，阴道会排出透明或白色的物质，大人不免非常惊讶，刚出生几天，怎么会有阴道黏液呢？

其实，家长不必担心，这是在婴儿发育期间妈妈体内的雌激素通过胎盘进入胎儿体内所产生的。在出生后几个星期，婴儿体内留存的妈妈的激素可刺激婴儿阴道产生一定的分泌物。除了黏性分泌物，女婴阴道还可能排出血性分泌物，同样也是正常现象。随着婴儿体内妈妈的雌激素逐渐消退，分泌物会逐渐减少，并最终消失。

那么应该如何清理女婴的外阴呢？家长在平时给孩子更换尿布期间，适当清理外阴即可，可用温水从上至下冲洗局部，将表面的附着物和细菌冲掉就可以了。

女婴阴道的这些分泌物中的某些物质具有杀菌、抑菌的作用，不仅对孩子无害，而且还会保护局部黏膜免受来自大便中细菌的侵扰。如果彻底清除这些分泌物，不仅会增加局部感染的机会，还可能在清理过程中造成局部黏膜损伤引起小阴唇粘连现象。

在 3 个月~6 岁的女童中，大约 1/3 ~ 1/4 会存在阴唇粘连，绝大多数粘连范围较小，不会引起家长和医生的注意。粘连通常由炎症或刺激引起，过度清洁外阴，可造成局部刺激过度，导致炎症出现。随着生长，大多数阴唇粘连可自行消除。只有出现排尿费力或尿路感染时，才需使用含雌激素的药膏治疗。

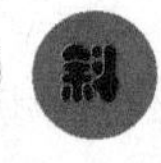

腹股沟斜疝

如果家长发现女婴腹股沟部位或男婴的阴囊部位，有因用力、哭闹出现的鼓包，应该考虑为腹股沟斜疝。

腹股沟斜疝是因局部肌肉薄弱所致，有些婴儿在生长过程中，其斜疝能自行消失。

我全好啦！

但大多数婴儿需要在几岁之内接受修补手术。不过家长不必担心，修补手术非常简单，而且预后良好。

如果发现小阴唇已粘连，除不要继续“认真”清洗局部（只用清水自上而下冲洗），还需注意排尿时孩子是否有哭闹（阴唇粘连造成排尿口狭窄），排尿后是否还有尿液继续滴出（阴唇粘连造成局部形成小兜，存留尿液），是否出现了泌尿道感染等。若无上述情况，不需立即手术分离，7～8岁时可自行分开。

如何护理宝宝的小屁屁？

婴儿臀部护理，应以皮肤状况作为基础。

1. 臀部皮肤正常时，可涂薄薄一层护臀霜进行隔离，以减少尿便对臀部皮肤的刺激。

2. 若臀部皮肤已破溃，可用清水冲洗臀部，然后可自然干燥，也可使用吹风机微热风吹干。

尿布疹

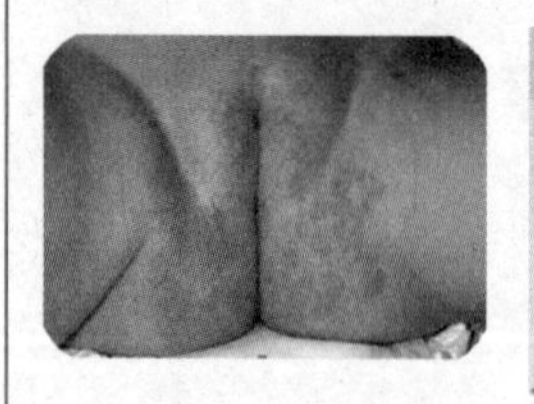

出现部位：

常见于臀部，也见于尿布覆盖的任何部位。

基础原因：

尿布覆盖区域皮肤完整性被破坏。

预防办法：

保持尿布覆盖区域皮肤干燥。

如何护理宝宝的臀部

婴儿臀部的皮肤非常薄嫩，而且经常受到尿和便的刺激，很容易出现尿布疹。婴儿臀部护理，应以臀部皮肤状况作为基础，臀部皮肤正常时，可涂一层薄薄的护臀霜进行隔离，以减少尿便对臀部皮肤的刺激，如果臀部皮肤已破溃，可用清水冲洗臀部，并保持干燥。

孩子排便后可用湿纸巾擦拭去除粪便，当不易清洁干净时，不要用太大力气擦拭，以免造成稚嫩的皮肤破溃。对于不易清洁的皮肤，应该用清水冲洗。冲洗完毕待局部干燥后，再使用护臀霜。涂护臀霜的目的是避免下次排便时粪便对局部皮肤的刺激。

尿布疹指尿布覆盖部位出现的皮疹，是尿布覆盖区域皮肤完整性受到破坏后，被粪便中细菌或局部潮湿环境引起的霉菌感染所致。婴儿臀部皮肤本身非常薄嫩，并且经常受尿便刺激，加上大人经常比较用力地擦拭局部等，很容易出现臀部皮肤受损。

保持臀部皮肤干爽是预防尿布疹的关键。当臀部清洗干净后，不要急于换上新尿布，要等待臀部皮肤干爽。在好天气要充分暴露局部。如果臀部皮肤破溃，切忌使用湿纸巾擦拭。如果尿布疹严重，可采用局部烤灯，持续保持局部干燥。医院内治疗办法就是将孩子放在开放暖台上，在保暖下持续“烘烤”局部皮肤。出现尿布疹后，必须保持皮肤干燥、透气。干燥不仅易于伤口愈合，而且还是最好的杀菌剂。尿布疹时千万不要再涂含有氧化锌的护臀膏，这样局部不透气，会使尿布疹加重，待恢复后再使用护臀膏。只有出现感染后才需使用抗细菌或霉菌的药物。

给婴幼儿穿衣盖被需要注意什么？

1. 婴幼儿要注意头部保暖。

2. 允许婴儿手脚偏凉。只要颈部温热，就可说明室温及穿盖得合适。

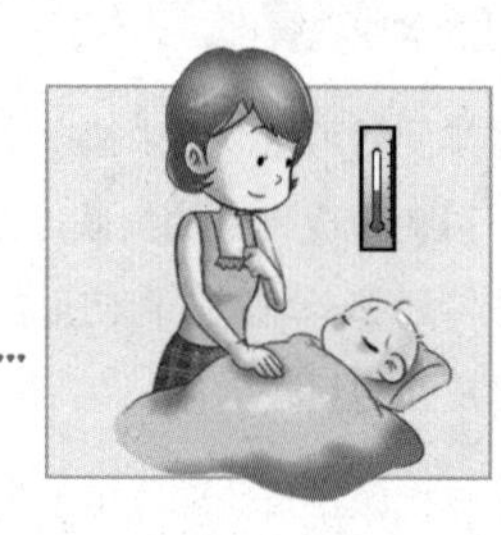

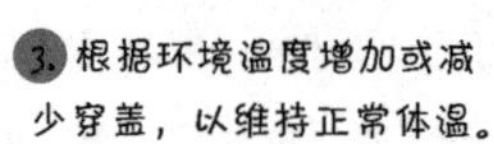

3. 根据环境温度增加或减少穿盖，以维持正常体温。

孩子的保暖以身体哪个部位的温度为指标呢？

平时手脚偏凉，颈部温热，是穿着最适宜的标准。

秋冬季出门时，可适当增加衣服；运动时可适当减少衣服。

如何给婴幼儿保暖

新手爸妈们经常会感觉孩子有“发烧”的迹象，摸着婴儿的额头感觉热乎乎的，可实际用体温计测量体温却并不高，为此有的家长还会怀疑体温计不准。

其实，孩子年龄越小，其头部散热所占全身散热的比例就越大。新生儿头部散热可以达到全身散热的 50%。由于头部散热多，所以摸起来局部温度会稍高于婴儿的其他部位，与其手脚温度差异较大，与成人手部温度也会有一定差距。

婴儿年龄越小越能表现出头部热、手脚凉的现象。除了头部散热多这一因素外，还因头面部血管丰富，离心脏又近，致使局部温度高于全身平均体表温度。婴幼儿心脏搏动力量较弱，达到手脚末端的血流较少，所以导致其手脚温度低于全身平均体表温度。因此，婴儿头部热、手脚凉属于正常现象。如果家长感到孩子手脚温热，正说明给孩子穿盖多了。

基于上述原因，给婴幼儿穿衣及盖被时，首先要注意头部保温，这也是刚出生的新生儿都要戴上帽子的原因。其次，要能接受婴儿的手脚偏凉，只要婴幼儿颈部温热，就可说明室温及穿盖合适。很多家长问，孩子要不要穿袜子，从保持婴儿正常体温的角度来看，戴帽子要比穿袜子更重要。

婴儿头部散热占全身散热百分比高，到底应减少皮肤散热还是应增加皮肤散热与当时婴儿状况、气温等因素有关。在冬季或温度低的环境下，给婴儿戴

冬天晚上总发现孩子鼻子尖是冰凉的，不过小手小脚是暖和的，怎么给他保暖呢？

由于孩子心脏力量比较弱，每次心脏搏动泵出的血液到达末端，包括鼻尖，手指，脚趾，相对较少，所以这些部位相对较凉，只要身体温热就不必担心。

冬天北方室内温度高，孩子穿着过多时导致出汗，外出时稍一见风，就会着凉，导致感冒。

很多家长认为，孩子穿衣服时手脚温热最为合适，其实不然。孩子清醒时总在运动，另外孩子心脏搏动力量弱，这都应是少给孩子穿衣服的前提。

上帽子即可有效保温；在炎热夏季或温度高的环境下，去除帽子利于散热，维持正常体温。了解头部散热多的现象，适当戴、摘帽子以维持婴儿正常体温。

如何给孩子添加衣服，应该以大人的感受作为依据。要注意的是孩子运动量比成人大，身体代谢比成人快，所以增添的衣服要比成人偏少，而不是偏多。不会走路的孩子若总在不停地动，也要少穿些衣服。安静睡觉时，可以盖被子。千万不要认为不会走路的孩子就需要比成人过多穿戴，穿到手暖。如果孩子出汗，需及时擦干，并更换衣服。

季节转化阶段，早晚温差较大。小朋友在早晨上学时温度较低，穿衣要相对较厚，当孩子进行室外活动时，温度又相对较高了，如果孩子没适当减衣，就有可能活动后出大汗，大汗后稍有凉风吹，就有可能着凉，出现感冒。如何合理地增减衣服，也是家长需要教给孩子的必修课。

总是过敏性咳嗽的孩子，也能出去慢跑锻炼吗？

如果孩子已经存在一定程度的呼吸道受损，更应该注意呼吸道的锻炼。每天必须定时出去接受新鲜空气的刺激。

每次外出时间不要短于15分钟。

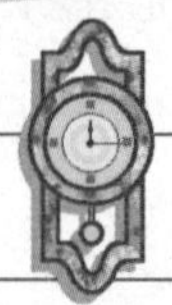

经常跟孩子玩“吹哨”或“吹气球”的游戏，锻炼孩子深吸气，增加肺功能；但要排除可疑过敏因素。

2 小儿常见意外伤害的家庭紧急处置

抓紧“黄金时间”解除儿童危难

当儿童处于危难时，最为紧急的就是保持或恢复儿童的呼吸和心跳，这样才能最大限度地保持儿童的生命。争分夺秒是关键中的关键。因为一旦呼吸心跳停止对人体的影响与分秒相关。

0～4分钟
复苏效果好
4～6分钟
复苏只能获得部分效果
6～10分钟
复苏成功率低
超过10分钟
严重脑损伤或脑死亡

家长如何判断孩子是否处于危难

虽然没有家长希望孩子出现危难，但是一旦孩子不幸遇到危难时，家长及周围的成人不应束手无策。每位称职的家长及儿童看护者必须学会家庭快速解除儿童危难的有效方法。所以，本书向家长介绍一些能够简单快速解除儿童危难的相关知识，为儿童健康保驾护航。

当儿童处于危难时，最为紧急的就是保持或恢复儿童的呼吸和心跳，这样才能最大限度地保持儿童的生命。在保持生命的过程中，争分夺秒是关键中的关键，因为一旦呼吸心跳停止对人体的影响与分秒相关。复苏开始时间与预后的关系为:0～4 分钟，复苏效果好;4～6 分钟，复苏只能获得部分效果;6～10 分钟，复苏成功率低；超过 10 分钟，严重脑损伤或死亡。所以，一定要抓紧“黄金时间”解除儿童危难。

当危难降临至儿童时，周围的家长或成人首先应该在 30 秒内对儿童的状况进行“全面”评价。这种评价是针对生命而言，不包括全部健康内容。家长评价的内容包括孩子的整体状况、呼吸状况以及循环状况。详见本书第 56、57 页。如果出现以下情况中的任何一条，立即呼叫 120、999 或他人帮助。

30秒判断儿童危难状况

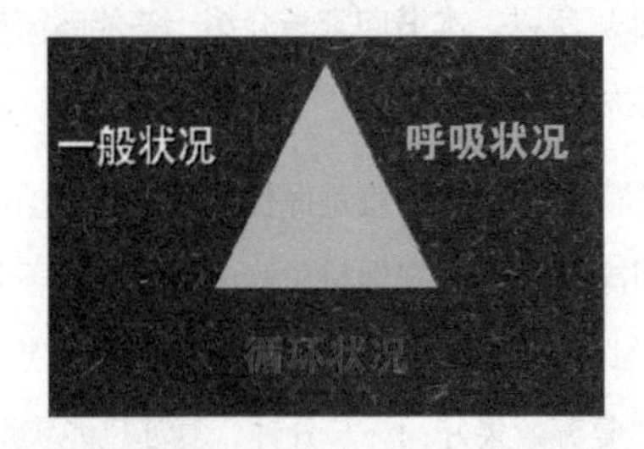

一般状况

- 自然体位：瘫软无力状或者过于躁动
- 精神状态：极度烦躁或者昏睡
- 眼神：呆滞或者凝视
- 发声：哭闹及言语声微弱、含混不清或嘶哑

呼吸状况

- 气道梗阻：犬吠样剧烈咳嗽、严重鼾样呼吸、发音费力
- 呼吸费力：呼吸时鼻翼扇动，还有胸廓过度起伏或微弱起伏，甚至没有起伏

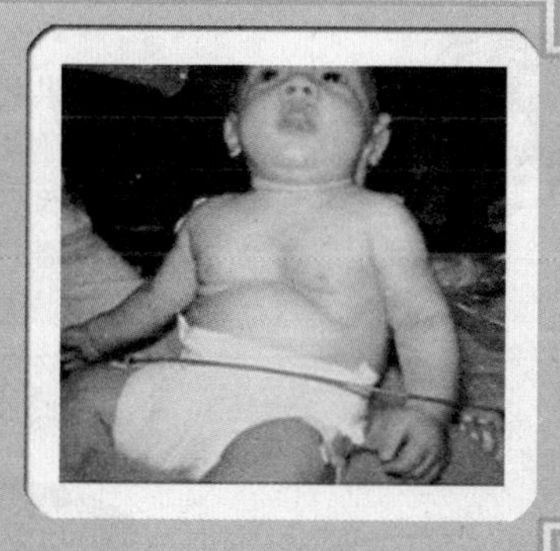

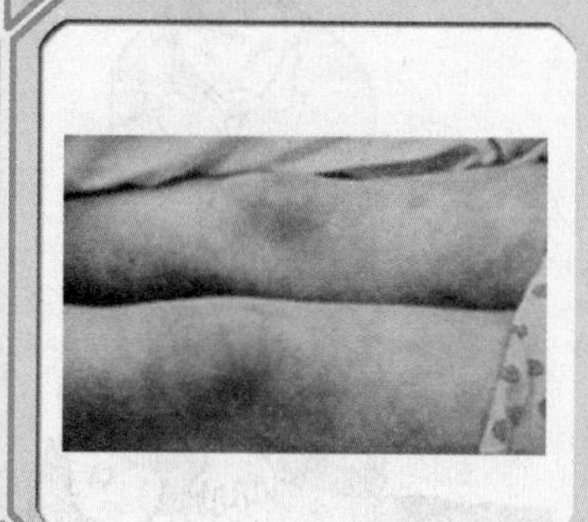

循环状况

- 皮肤苍白、颜色发灰，甚至青紫
- 皮肤呈现大理石花斑纹
- 手脚极度冰凉

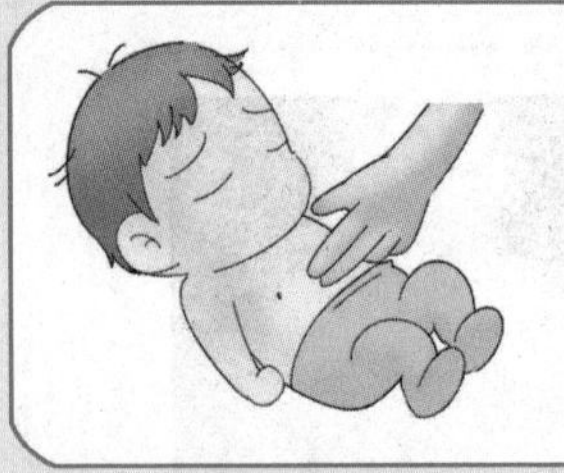

如果发现儿童呼吸极其微弱或没有呼吸，立即紧急救治。在场的家长或其他成人必须采用有效的救治——心肺复苏术。

你也学着练习一下吧！

心肺复苏术是指救护者在现场对呼吸、心跳骤停者及时实施人工胸外心脏按压和人工呼吸的急救技术，为维持基础生命提供必要的氧气及充分的血液循环的紧急救护措施。

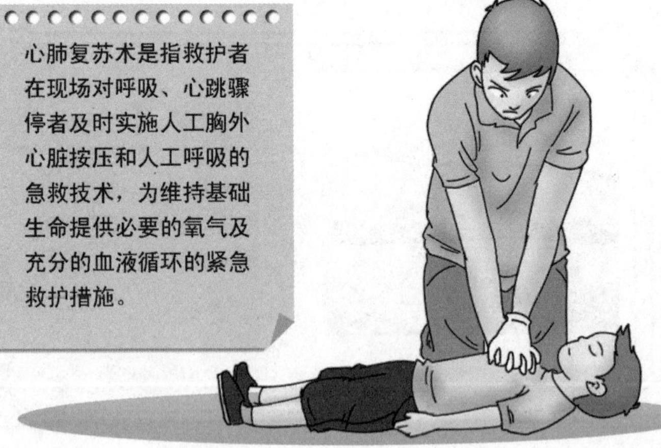

孩子呼吸困难时家长应该如何处置

如果发现儿童呼吸极其微弱或没有呼吸，需要立即紧急救治。在场的家长或其他成人必须采用有效的救治——心肺复苏术。心肺复苏术是指救护者在现场对呼吸、心跳骤停者及时实施人工胸外心脏按压和人工呼吸的急救技术，为维持基础生命提供必要的氧气及充分的血液循环的紧急救护措施。

一、儿童复苏的姿势

如果患者没有头部、颈部及脊柱的损伤，同时患者有正常呼吸及心跳但意识丧失，可置患者于复苏体位（压额举颌法）（图 1），这样可维持患者呼吸道通畅。

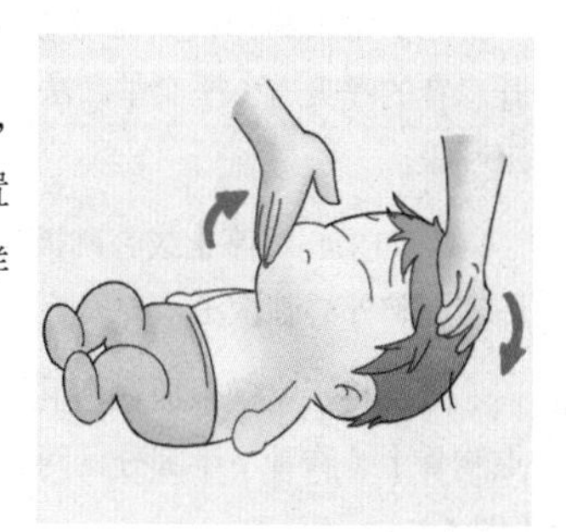

图1

二、心肺复苏术

1. 打开呼吸道及判断有无自主呼吸

（1）打开呼吸道（压额举颌法）：将一手置于患者的前额，另一手置于患者下颌中央旁开两指处，下压前额的同时抬高上颌。（图 1）

（2）判断自主呼吸：将自己的面额及耳朵靠近患者的口鼻处，观察患者的胸廓有无起伏，倾听有无呼吸音并感觉有无呼吸的气流。（图 2）

（3）在 5 到 10 秒钟内完成正常自主呼吸的判断。

图2

2. 患者无呼吸时，迅速实施人工呼吸（图 3）

图 3

（1）口对口人工呼吸两次（缓慢吹气，每次持续一秒）。

（2）确定在每次人工呼吸时都能观察到患者的胸廓起伏。

（3）如果第一次人工呼吸无效，重新打开患者的呼吸道（压额举颌法），再次进行人工呼吸。

3. 如果心跳停止或心跳极为微弱，立即实施胸外心脏按压

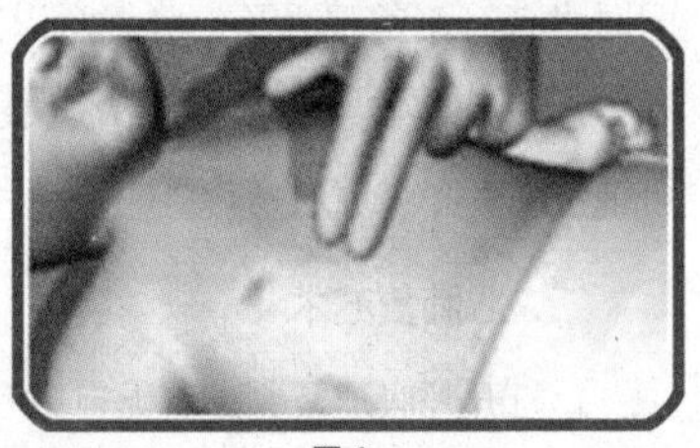
图 4

（1）将手掌掌根放在两乳头连线的中点胸骨上（胸骨下半部分，两乳头中间）。（图 4）

（2）单手或双手进行胸外心脏按压。按压深度为胸廓厚度的 1/3 到 1/2，按压频率为 100 次 / 分。（图 5）

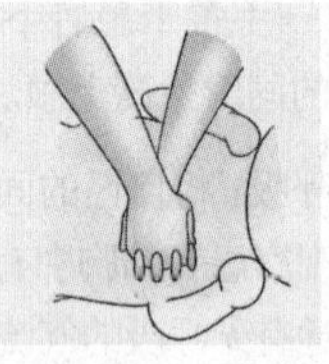
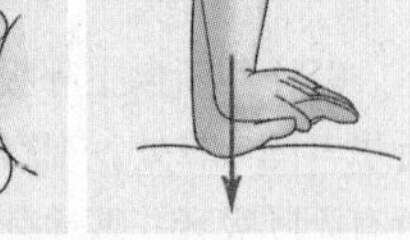
图 5

有效心肺复苏是争取儿童存活以及保证存活后生命质量的关键操作方法。所有儿童工作者都应掌握这门技术，将危难有效化解，保证儿童生命安全和质量。

以上跟大家分享的心肺复苏的几组动作及要领，希望我们的父母们永远不要用到，但是一旦孩子发生危急情况，至少我们的父母应该了解如何急救，在最有效的时间内，避免不幸的发生。

判断和解除儿童危难的快速有效方法

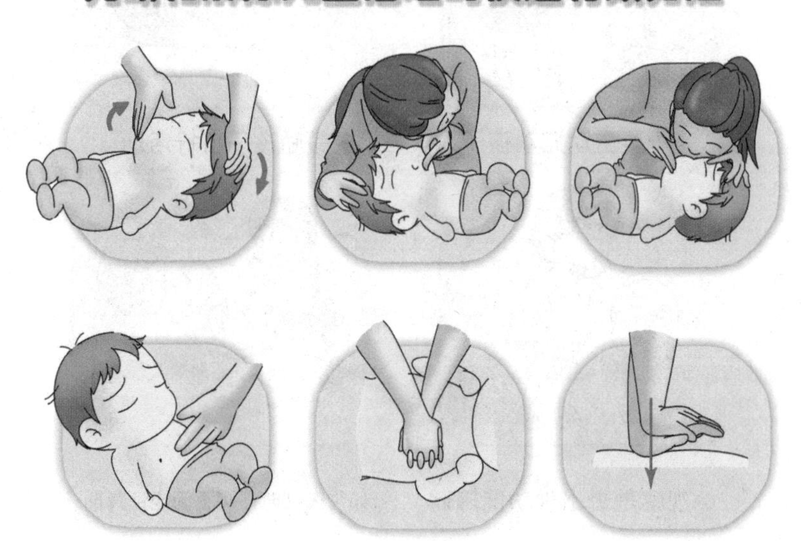

孩子颈背部外伤后家长应该如何处理？

●不要主动搬动孩子

●鼓励孩子自行活动

●观察是否出现功能障碍

●如需搬动时，需要固定颈背部

头、颈、背部外伤的家庭紧急处理

头部、颈部、背部外伤常由车祸等原因引起。头部受伤的患者一般头部有伤口，头皮上有肿块或者擦伤，耳朵、鼻子、口中出血，但该出血不是由耳鼻口局部外伤引起，耳鼻中流出其他液体，眼周青紫，耳后擦伤，头痛、恶心或者呕吐，精神状态发生改变，视觉发生改变，口齿不清，脉搏不规律，意识丧失等。颈部背部受伤后表现为颈部、背部疼痛，胳膊、腿感到刺痛，胳膊或者腿不能活动，大小便失禁，头颈背外形或者姿势异常，意识丧失等。

如果发现孩子头颈背部受伤严重，家长应立即拨打急救电话，在等待救援时请参考以下建议实施处理：

1. 不要主动搬动儿童，至少静观 10 秒；

2. 鼓励孩子自行活动；

3. 观察是否出现功能障碍；

4. 如果需要搬动，搬动时需要固定颈背部，以免出现更大的损伤。

在此提醒开车的家长们，开车出行，一定将孩子安全地放在汽车安全座椅上之后，再上车、倒车或者移动，而且不论距离远近都应该使用安全座椅。家长千万不要认为坐车时抱着孩子是最安全的举措，恰恰这是大错特错的方法。另外，一定要使用儿童锁，防止孩子不慎打开车门，等下车熄火后，再打开车门将孩子带到安全地带。要告诉孩子永远不要在车前车后玩耍。

预防颈后背外伤：

- 外出时使用汽车安全座椅

婴儿体重不足10公斤
时安全座椅的摆放

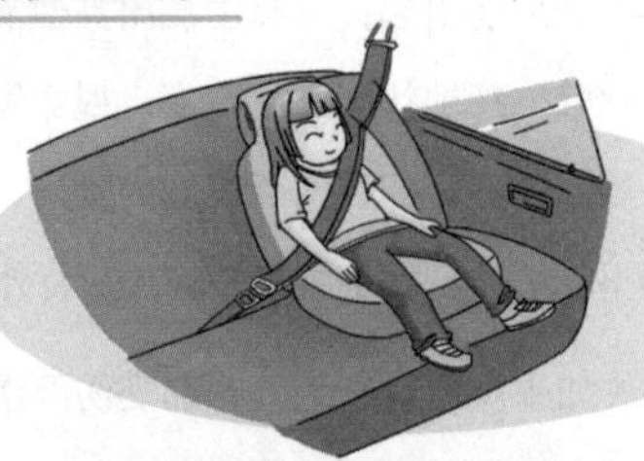

体重超过10公斤时
安全座椅的摆放

骑摩托时安全头盔的戴法

不论是自驾车，还是打车出行，带孩子时，都不能大人带孩子一起或让孩子自己坐在副驾驶位置。如果自己有车，一定购买并使用安全座椅，在美国如果没有给孩子使用安全座椅甚至可能被剥夺监护权或者被起诉。如果打车出行，大人与孩子坐在后座，这样可提高安全性。在高速公路上，后座人员也必须使用安全带。

每位家长都深爱着自己的孩子，但“爱”的基础应该从尊重开始，尊重孩子的生命当然是第一位的。使用汽车安全座椅就是“尊重”的体现。安全座椅的使用不仅能够保证此次出行的安全，更能潜移默化地向孩子传授安全的信号，使其受用一生。没有侥幸，只有安全。没有安全保证，无法体现真爱。

家长朋友们，血的教训告诉我们外出使用安全座椅是预防车祸意外的有效方式，千万不要有侥幸心理，万一发生不幸，一生追悔莫及！

孩子跌伤时家长应该如何处理？

1.静观10秒再抱孩子，观察有无肢体功能障碍并确定受伤部位；

2.如果有出血伤口，立即加压止血，然后用生理盐水或流动水冲洗伤口；

3.如果头部受伤，注意观察意识和行为是否异常；出现嗜睡、激惹、哭闹不止等现象时，立即送医院检查；

4.肿胀部位，用冷水或冰敷伤口；

5.吸取教训，预防再次发生。

孩子外伤出血如何护理

虽然家长对孩子照顾得都非常精心，也难免有跌倒、磕碰等情况，遇到这样的情况，家长应该如何处理呢？

孩子扭伤、摔伤后，大人千万不要主动地活动孩子的肢体或躯干检查是否受伤。一定尽可能鼓励孩子自主活动，观察活动是否异常。若肢体活动障碍，固定受伤肢体，限制其活动，再前往医院诊治，以免加重伤情。若躯干活动障碍，只能平躺于担架上，送往医院时，绝不能抱着。如果孩子没有活动障碍，应无大碍。

对于孩子局部皮肤擦伤，应先加压止血，然后用流动水清洗伤口，冲掉伤口上的灰、土等污物，若有些异物附着于伤口上，可用无菌的棉签或纱布去除异物，避免今后的继发感染。如果局部出血很容易止住，且伤口也不深，不建议一定包扎或覆盖，以免伤口感染。过严地覆盖伤口，不利于恢复。保持伤口局部清洁、干燥是预防伤口局部感染的最好方法。

遇到孩子跌伤，家长注意，先静观 10 秒再抱孩子，观察有无肢体功能障碍和确定受伤部位；如果有出血伤口，立即加压止血，然后用生理盐水或流动水冲洗伤口；如果头部受伤，注意观察意识和行为是否异常；对于肿胀部位，采用冷水或冰敷伤口。

曾接诊过几个磕碰后出血的孩子，家长慌慌张张拉着孩子到医院，竟然不知道血是从哪个部位流出来的。孩子出现外伤时，家长首先应该确定孩子的神孩子出现外伤、肺部感染等情况，医生会建议X光检测。很多家长担心X光的放射损伤，其实，现在医院内使用的都是数字X摄像机，放射线非常有限。任何医院的放射科都有遮盖的铅衣，应该遮住颈部和会阴部，专业人员会帮助覆盖。

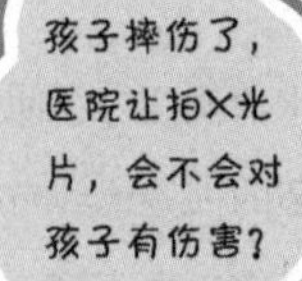

孩子摔伤了，
医院让拍X光
片，会不会对
孩子有伤害？

虽应尽量避免接受X光的照射，但需要时偶尔接受检查，也不必过于担忧。作为医疗技术的一种，只要在正规操作下，加上正常的防护，肯定不会对孩子造成损伤，更不会造成长期的不良后果。现在很多家长惧怕X光的检查，认为B超安全。实际上，各种医疗检查有着各自的适应症，不可能相互替代。

智状况，然后确认孩子是否存在局部活动障碍，如有出血，确定出血的大概部位，并按压止血，避免过多失血。如果没有危及生命的情况，可以自行带到医院，否则，应该紧急呼叫急救中心。遇到这种情况，家长要尽可能保持镇静，惊慌中会出现新的或更严重的问题。

孩子跌倒、磕碰后，首先确定是否有流血的伤口，如果有，应按压止血；如果出现淤血，尽快冷敷。还要鼓励孩子自己活动，以观察是否有肢体等运动障碍。之后，要观察神志状况等神经系统表现，出现嗜睡、激惹、哭闹不止等，立即送医院检查。

孩子坠床后家长应该怎么办？

不要马上将孩子抱起，首先要静观几秒。

首先观察是否有活动性出血。若有，立即加压止血，并带到医院处理。

再观察孩子有没有出现运动障碍，如果孩子某侧肢体不动或者运动减少，千万不要帮助孩子活动，以免加大损伤。如果孩子没有出现活动性出血或运动障碍，家长可以抱起哄孩子。

这时我们要看孩子神经系统有无异常表现，比如嗜睡、尖叫、异常动作等。如果出现或怀疑出现，要送医院检查。如果神经系统没有出现问题，我们再关注着地部位有没有出现血肿，并用冷毛巾进行冷敷，以减少出血量，如果三天后还未吸收，可以用热毛巾热敷。

如何处理孩子坠床

一般来说，3～4 个月刚会翻身的婴儿最容易坠床。孩子坠床是家长们非常担心的安全问题之一，但又时有发生。一旦孩子从床上坠下，我们家长应该如何处理呢？

孩子坠床以后，家长不要马上将孩子抱起，应该静观 10～20 秒，首先观察孩子有没有活动性出血。如果有的话，立即通过按压给孩子止血。我们非常理解家长心疼孩子，迫不及待要把孩子抱起来的心情，但是面对婴幼儿意外，家长必须“科学、镇静”地处理。孩子坠床后，千万不要马上将孩子抱起。因为有些损伤是比较隐蔽的，但是“抱起”的过程动作太大，容易将隐蔽的损伤变大，比如，脊柱裂缝损伤在抱起过程中可能造成横断伤。

然后观察孩子有没有出现肢体或运动障碍，如孩子某侧肢体不动或者运动减少。如果孩子没有出现活动性出血和运动障碍，可以抱起哄孩子，直到孩子哭闹停止。另外，要尽量鼓励孩子自己运动。

再接着要观察孩子神经系统有没有出现异常表现，比如嗜睡、尖叫、哭闹不止、异常动作等。如果出现或者怀疑出现异常，应送医院检查。如果没有出现神经问题，再关注孩子着地部位有没有出现血肿，如有，用冷毛巾进行冷敷，以减少出血量。如果三天后还未吸收，可以用热毛巾热敷。

如果孩子没有明显问题，家长仍然要仔细观察孩子的后续表现——睡眠、进食、玩耍等规律是否有改变，对创伤后特别爱睡觉的孩子，家长更应注意。

如何预防孩子坠床?

坠床时有发生的原因就是家长预防措施不当。

当大人暂时离开孩子时，应该升高小床的栏杆，或者将孩子放在地垫上。

如果孩子在小床睡觉，一定将扶栏完全抬高。

如果孩子在大床睡觉（不建议），周围一定要有物品很好地保护。

学习孩子坠床后如何处理的知识很重要，但预防坠床更重要。千万不要因为“可能性不大”而事后追悔莫及。

头部或其他部位出现红肿或淤斑并不可怕，可怕的是内伤。有内伤的孩子往往会出现反常的表现。如果孩子神志清楚、行为正常，24 小时后仍然没有任何异样表现，就不用担心了。

总而言之，孩子从床、沙发等高处坠下后，应重点观察是否有活动性出血、肢体运动障碍、神智异常。若无明显异常，可在家观察。对于着地部位的软组织损伤，头三天需要冷敷，以减少局部淤血程度。对于肢体运动障碍和神智异常则必须由医生诊治。注意到医院途中要限制受伤肢体运动，以减少继续损伤。虽然坠床时有发生，但预防极为关键。应鼓励婴儿睡小床，将小床扶栏抬高。这虽然增加了大人护理或喂养小朋友的麻烦，但安全第一呀！

孩子烫伤、灼伤后怎么办?

1. 烫伤、灼伤后只要皮肤完整，第一时间用流动凉水冲洗烫灼伤部位20～30分钟。

2. 冲洗过后，局部涂上烫伤膏。

3. 烫伤范围小，程度轻，可在家观察。如果皮肤已脱落或烫伤部位严重，要立即到医院处理。

烫伤后一定不能这样处理：

1. 不能触摸伤口；

2. 不能即刻涂抹任何乳液和药膏；

3. 不能挑破水泡；

4. 不能强行脱去烫灼伤部位的衣服；

5. 不能用带有毛絮状的覆盖物覆盖伤口。

孩子烫伤或灼伤后应该怎么办

若不小心烫伤、灼伤，只要皮肤完整，第一时间要用流动的凉水冲洗烫灼伤部位至少 20 ~ 30 分钟。在冲洗期间不能做以下几件事：

1. 不能触摸伤口；

2. 不能即刻涂抹任何乳液和药膏；

3. 不能挑破水泡；

4. 不能强行脱去烫灼伤部位的衣服；

5. 不能用带有毛絮状的覆盖物覆盖伤口。

冲洗过后，给局部涂上烫伤膏。如果烫伤范围小，程度轻，可在家观察；如果皮肤已脱落或烫伤部位严重，要立即到医院处理。对于烫伤部位不应使用带颜色的药液，比如紫药水，因为会影响对伤口的观察。

曾见到有位家长在孩子小腿被烫伤后，将水泡内液体抽出，并将包裹水泡的表皮剪掉，露出伤口，之后对伤口进行了一系列清理。表现上看起来家长很认真地清理、护理了伤口，实际上犯了严重的错误。烫伤后出现的水泡是无菌渗出液，且表皮完整，可防止外界细菌进入，若抽出水泡，去除表皮，暴露伤口，明显增加了感染的机会。

家长想带孩子外出时，尽量做足准备：

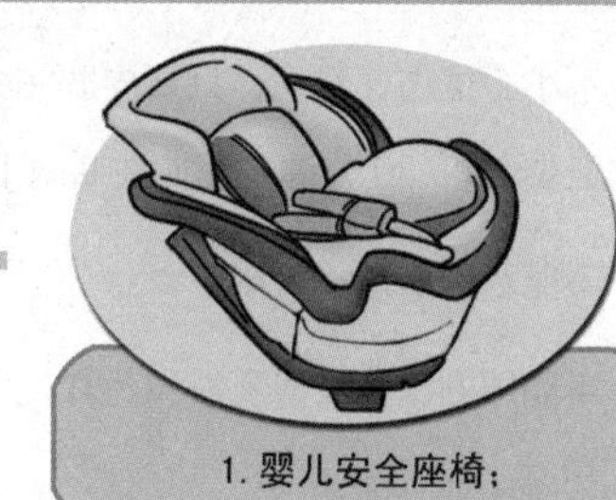

1. 婴儿安全座椅；

2. 应对太阳曝晒的大檐帽、遮挡推车或防晒霜；

3. 便捷的婴儿食物；

4. 预防和治疗蚊虫叮咬的药物；

5. 多备几件衣服，应对天气的突然变化。

孩子被蚊虫叮咬后如何护理

蚊虫叮咬是常见的现象。蚊虫叮咬后，会刺激皮下组织中的肥大细胞释放组织胺，引起痒感、红肿。局部硼酸水冷敷可有一定效果。

如果叮咬的局部被抓破，可能出现的问题是破溃处继发感染。这时候要注意使用少量碘酒、酒精消毒，或敷上少许抗生素药膏，以避免或及时控制局部感染。炉甘石洗剂也有一定效果。

对于蚊虫叮咬，现在仍然没有很好的办法能迅速控制，除了尽可能预防叮咬外，就是尽可能缓解叮咬后痒、肿，并预防继发感染。

孩子误服异物或药物怎么办?

误服固体时，用手指或勺柄去抠舌后根部，尽快催吐；

误服液体时，催吐后，尽快让孩子喝生牛奶或者生鸡蛋清；

初步处理后，带孩子去医院。

孩子误服药品或毒物怎么办

如果发现或怀疑孩子误服了药物、毒物或其他物品，不论是固体的，还是液体的，家长首先做的就是“快速用手指抠孩子的咽喉部，迫使孩子呕吐”，让孩子尽可能吐出误服异物。

快速催吐是最快、最有效地排出误服异物或胃内毒物的方法。这个时候家长一定不要迟疑，因为半点犹豫，都有可能错过排出毒物的最佳时间。即使怀疑错了，催吐也不会给孩子造成危害。千万不要不做任何处理，直接带孩子去医院，等到医院后再进行处理，有的时候可能会为时已晚。家长应该先催吐后，再带孩子到医院检查。切记，催吐要尽快进行！

婴幼儿、儿童误服药物是儿科急诊中经常遇到的。如果发现给孩子喂药过量，误服药物，最需要做的事情也是用筷子或勺柄按压孩子舌根部，进行催吐。通过刺激呕吐将没有吸收的药物排出。催吐越快，效果越好。再有，仔细阅读说明书，了解药物过量可能带来的问题，密切观察或带孩子到医院由医生判断。另外，家长给孩子服药时，最好有记录，以免出现重复喂药现象。

如果孩子误服刺激性液体或药物，比如清洁剂等，在家催吐后，应将孩子送到医院进行洗胃等治疗。对较安全的异物，比如烟蒂等，可在家观察。

家中药物的放置一定要远离孩子可触及的范围，家庭安全不容忽视！

不慎呛异物后的紧急处置方法

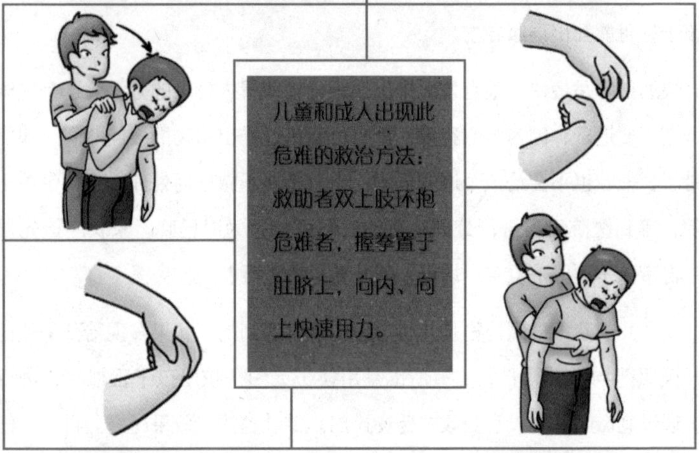

儿童和成人出现此危难的救治方法：救助者双上肢环抱危难者，握拳置于肚脐上，向内、向上快速用力。

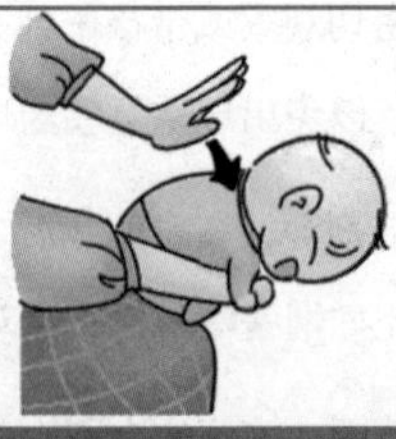

婴儿出现此危难的紧急处置方法：让其卧位低头，叩击其背部，每5次叩击为一组，共3～5组，迫使异物排出。

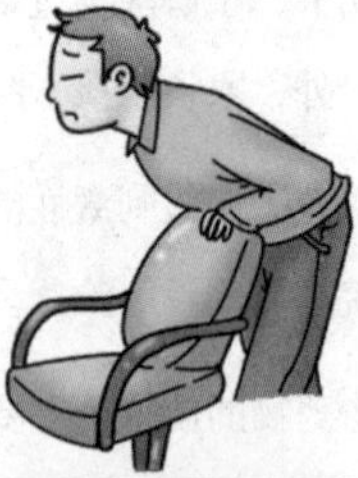

自救方法如图。

孩子支气管呛入异物后如何处置

小块状食物或其他物品被吸入气管出现的急症常发生于1～3岁以内婴幼儿。这阶段的婴儿咀嚼能力不强，又非常喜欢将一切物品放入口内、喜欢啃咬硬物。当孩子因哭、笑、跑、跳等情绪激动大吸气时，很有可能将小块状食物或物品吸入气管内，造成支气管异物。因此，给这个阶段的孩子喂食，一定要注意食物的性状，例如不要给3岁以内的婴幼儿吃果冻、口香糖等胶样食物，以免出现窒息，同时要尽量避免在孩子情绪激动时喂食。

如误吸或怀疑误吸食物或物品进入气管时，应重点观察孩子的状况。如异物处于气管内，孩子会出现呼吸费力，这时候需立即将孩子置于头低脚高位，大人叩击孩子的背部。每5次叩击为一组，可连续进行3～5组。大多数小块状物体吸入气管，会进入一侧支气管，导致剧烈咳嗽，若呼吸困难，应带孩子去医院。

怀疑有异物呛入气管应立即接受医生推荐的检查。如能确诊，支气管镜可取出异物。取出异物过程需要麻醉，孩子不会感到痛苦。家长到医院后一定要听从医生的安排，不要以孩子“会不舒服、哭闹”拒绝医生！

如果孩子误吞咽入胃内，多会随大便排出。若孩子误吞不安全的异物，也应尽快催吐，然后送去医院进行洗胃等治疗。

小儿环境安全提示

儿童安全问题一直很多，因此家长要注意孩子生活环境的安全性。

乘车时，使用安全座椅（避免车祸时严重创伤）。

环境内不要有尖锐物品，家中的尖锐物，特别是针状物，一定要存于硬质且不易打开的盒中（避免扎伤）。

不要有塑料袋（避免套在头上而窒息）。

生活环境中不要接触到热水或开水（避免烫伤）。

不要接触到药物（避免中毒）。

尖锐物、针状物扎伤的特点是表面伤口小，流血少，疼痛轻，不易受重视。若尖锐物已被污染，如生锈钉子，有可能将破伤风杆菌等带入伤口造成严重后果。

3 家长容易忽略的护理问题

冰箱使用须知

定时清洗冰箱内部。

减少冰箱内食物的储存时间。

微波炉使用须知

用微波炉加热食物要充分。

教孩子正确使用微波炉。

冰箱和微波炉使用不当

冰箱和微波炉已经成为很多家庭储存食物和加热食物的必需品，它们为大家忙碌的生活带来了方便与快捷。不过，别大意了，有时它们也会惹些麻烦。

医院急症室曾在夜半时分接诊了一位 3 个月大的宝宝，是因食用了冰箱内储存的鲜榨橙汁，感染细菌患上了急性细菌性痢疾。冰箱给我们的生活带来了便捷，提供了贮存食品的良好场所，但冰箱冷藏室内的 4℃环境只能减缓食物的腐败，不能抑制一些细菌（包括痢疾杆菌、肺炎克雷白杆菌在内）的生长。有报告显示，痢疾杆菌在冰块内还可生存 96 小时。由于很多家庭没有定期清洗冰箱内部，致使冰箱内存留有很多种细菌。当冰箱内食物提供适当的营养时，细菌即可生长繁殖。一般家长只知道冰箱内的食物凉，不能拿出后马上食用，否则会引起胃肠不适，却不知冰箱还是食物的再污染地，从冰箱拿出新鲜食物后，特别是水果、蔬菜，忽略了再清洗，也会造成细菌性肠道感染。

同样，微波炉使用不当，也会导致孩子食用被细菌感染的食物，从而引起肠道感染。沙门氏菌易存于肉类食物中，是一种不耐热的细菌，只要充分加热即可消灭。假期孩子自己在家时，经常用微波炉热饭。很多时候没有将饭热透，特别是汉堡包之类的食品，肉在中间。如果没有热透，很容易造成存在肉中的沙门氏菌进入人体导致感染。家长要嘱咐暑期在家的孩子一定要将饭热透。

增加空气湿度的办法

人体吸入干燥空气会影响气道上皮纤毛运动，即降低气道抵抗力，又不易排出进入气道的病菌，容易导致呼吸道感染，如咽喉炎、气管炎等。

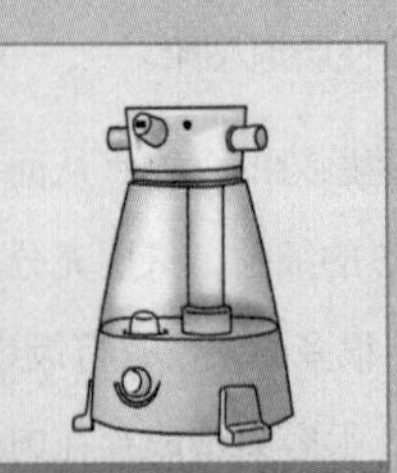

增加空气湿度，除了使用加湿器外还有其他办法。

比如，在干燥的秋冬季节，还可以通过地面洒水、暖气上放水槽等方式，只要能获得湿润空气就能达到目的。

使用加湿器却不清理

在干燥季节或干燥环境下，为了增加室内湿度，很多家庭都会使用加湿器。加湿器可以增加呼吸道舒适感，还可降低呼吸道疾病的发生。但是，如果使用不慎，加湿器也会成为室内空气的污染源。

很多家庭都给婴幼儿房间配了加湿器，但是有的家长却不重视清洗加湿器。未定期清理消毒的加湿器会产生霉菌等微生物，这些微生物会随着气雾漫入空气里，然后进入孩子的呼吸道中，很容易引起呼吸系统疾病，甚至导致"加湿性肺炎"。

加湿器带来的健康隐患其实很容易避免，家长只需每天定时倒掉加湿器内残余的水，并用流动清水冲洗，这样就可避免加湿器内部的霉菌生长。冲洗加湿器可用自来水，但使用时一定要用纯净水，自来水与矿泉水都不可以。因为自来水中含较多矿物质，会通过加湿器播散到空气中，落于家具等表面上，形成白霜，吸入气道内不利健康。再有，不推荐在加湿器水中加药，因为加湿器多以超声为动力，可破坏药物结构，而且也无法定量使用药物。

使用加湿器的家庭，要注意适时开窗通风，保持室内空气清爽，维持适宜的居住环境。加湿器停止使用后，一定净空其中的水分，并置于空气流通处吹干，以免保存期间霉菌生长。

空气净化器过滤网上会有什么病菌？
空气净化器的过滤网上容易积聚细菌、病毒、霉菌，当它们繁殖到一定数量，就会进入室内。细菌和病毒可致病，霉菌容易导致过敏。
如果家中使用了空气净化器，要注意滤芯要根据厂家说明定时更换，平时也要注意过滤网的清洗。

认为使用空气净化器就可以保证室内空气质量

很多人认为室外空气污浊，家中使用了空气净化器就应该可以保证空气质量了，实际不然。除了恶劣天气，户外空气质量都要好于室内。因为户外空气流通，虽病菌种类多，但浓度很低，不会致病，反而可刺激呼吸道抵抗疾病的能力。家中即便是使用了空气净化器，但它毕竟不是杀菌剂，不能杀死空气中的病菌，空气质量依然得不到保证。

在使用空气净化器的过程中，室内细菌和一些颗粒物会被过滤器一起阻挡，病菌可能会以颗粒物为温床，在室内温热环境下快速繁殖。如果过滤器老化或其中病菌密度达到一定数量，就有可能播散到室内，这样非常容易致病。所以，如果家中使用了空气净化器，要注意滤芯一定要根据厂家说明定时更换，而且平时也要注意过滤网的清洗。

空气净化器一定程度上会使室内空气质量提高，但是人生活在环境中，虽然现在环境污染严重，也必须适应才对。若不是恶劣天气，家中还是要定时通风，还要定时带孩子外出。每天“定时”带孩子外出，可提高其呼吸道适应环境的能力。只有适应了环境，呼吸道抗病能力才会增强。否则，遇到天气变化就有可能出现呼吸道感染。

清水冲洗常用物品
高温消毒危险物品
足以保证生活环境的清洁

把消毒剂作为清洁必需品使用

我们正常人体内寄存着上百种至上千种细菌，不同部位有不同细菌寄存，这些细菌被称为人体正常菌群。而那些能导致人体生病的细菌我们通常称之为致病菌。大家都知道人体免疫力增强可以抵御致病菌侵袭，而增强人体免疫力依赖于人体内正常菌群的存在。

可是现在人们的生活中消毒剂的使用频率很高，人体的正常菌群正在遭受消毒剂的破坏。过分消毒会导致正常生活环境中细菌明显减少，对人体免疫刺激不足，让人非常容易生病，特别是病毒感染所致疾病。正常细菌刺激减少，还会导致免疫失衡，出现更多免疫系统疾病，比如糖尿病、类风湿等。家中经常使用消毒剂不仅会影响常态中的微生态平衡，而且还会“磨炼”出抗消毒剂的耐药细菌，导致微生态环境失调和超级细菌的产生。

此外，过度依赖消毒剂还是诱发过敏的因素。过敏属于环境介导性疾病，不是先天遗传性疾病。现在大环境、小环境越来越趋于无菌，非常容易导致人体内正常菌群失调，造成体内过敏状况。

可是现在不含消毒剂的洗涤产品越来越少，多数洗涤用品中都含有消毒剂成分。使用了这样的产品后，会有部分消毒剂残留于被洗涤物品上，比如玩具、碗筷、衣物等。我们，包括孩子在内，会有慢性消毒剂食入的问题。消毒剂的慢性少量食入，会影响肠道菌群，继之影响肠道健康。很多家长说，现在环境这么差，不用消毒剂能行吗？其实，环境污染严重的现实与细菌泛滥是两

孩子的奶瓶需要消毒吗？

孩子的奶瓶可以煮沸消毒，每天一次即可。

最好不要用清洗剂等清洗奶瓶，因为化学物质容易残留在奶瓶的内壁上，在下次喂养时容易被婴儿一起吞入消化道。

消毒后晾干奶瓶和奶嘴上的水分。

高温消毒不仅非常安全，而且足以保证奶瓶的清洁。

个不同的问题，不应用消毒剂抵御环境污染。消毒剂滥用本身还可加重环境污染，其实我们完全可以通过日常擦洗来维持环境的清洁，普通清洗可用肥皂等清洗剂。

家庭不使用消毒剂，并不意味着“脏”。脏、干净、无菌是一个“度”的问题，掌握好生活中的这个“度”，人类才能更加健康。我们应该生活在自然清洁的环境中，而不是生活于无菌环境。将消毒剂从家庭生活中除去，我们的环境将更加绿色。

宝宝，别吃手，用
湿纸巾擦擦！
宝宝，吃饭了，来，
先抹点免洗洗手液！
经常给孩子使用湿纸
巾和免洗洗手液，很
容易让孩子将存留于
手指上的化学物质吞
入消化道内，这样会
破坏婴儿肠道内正常
菌群，引起孩子消化
道慢性损伤，导致消
化吸收不良、慢性腹
泻，甚至过敏。

频繁给孩子使用湿纸巾和免洗洗手液

常常看见家长给吸吮手指的婴儿用湿纸巾频繁擦拭手指。有的家长带孩子外出时，为了方便清洁孩子的双手，还会带着免洗洗手液。免洗洗手液擦拭手，能够消灭很多粘在手上的病菌，但与此同时消毒剂颗粒也会残留在手上。当孩子吃东西时，消毒剂同样也会被吃到肚子里。湿纸巾上有消毒剂等化学物质，如果用它给孩子擦手，孩子再次吸吮手指时，就会将存留于手指上的化学物质吞入消化道内。反复吞入包括消毒剂在内的化学物质会破坏婴儿肠道内正常菌群，不仅可致肠道菌群失调，还会影响肠道消化吸收功能。

经常给孩子使用湿纸巾或免洗洗手液，都会引起孩子消化道慢性损伤，导致消化吸收不良、慢性腹泻甚至过敏。家长们往往认为细菌进入消化道会出现感染，可不知少量细菌逐渐进入消化道，对人体肠道和免疫有极好的刺激作用，而化学物质却只有绝对的损伤，没有任何益处。

从方便的角度出发，家长在带孩子出门前可以准备几块湿润的小毛巾，放入小塑料袋内，每次用一块，用过的放入另外一个塑料袋内。这样，既能保证清洗孩子的小手，又不至于引起交叉污染。等到回家后，再清洗小毛巾，以备后用。家长还可以用瓶子装一些水带着出门，户外活动期间，可以用清水冲洗婴幼儿双手。

家长可以教大一些的孩子用肥皂在流动水下洗手，在流动的水下洗手才能去除手上的污渍。在家庭教育方面，包括孩子在内，饭前、便后、外出回家等都应该洗手。湿纸巾、免洗洗手液等擦手不能替代正常的洗手。

新生儿如何度过高温的夏天？

对于炎热的夏天，应保持室内温度在26℃左右。如果不能自然保证，可以使用空调。

但需要注意：

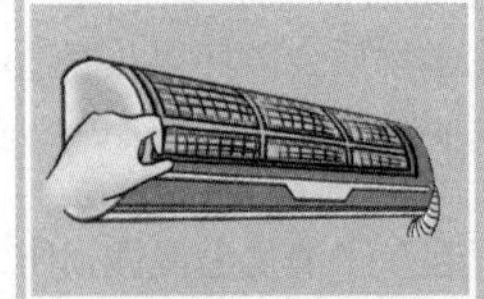

1. 使用空调前要清洗滤网。

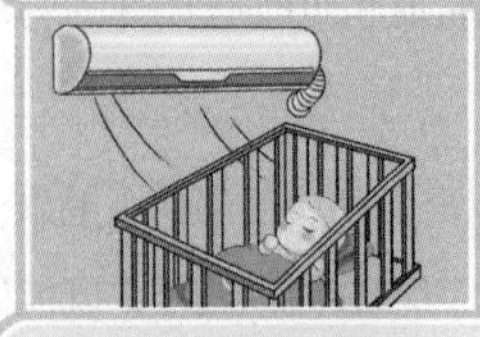

2. 空调不能直吹孩子。

3. 不要频繁地开关空调。

温度 24℃～26℃

湿度 40%～60%

4. 注意保持室内的湿度。

5. 每天做到室内定时通风。

夜里开空调，宝宝穿短袖，胳膊露在外面会对关节有影响吗？

如果空调房间温度保持在24℃至26℃，风口不直接吹孩子，应该不会对关节造成伤害。不过，我建议在空调房间内，给孩子穿薄薄的长袖上衣和长裤。

夏季空调使用误区

对于孩子来说，夏天气候炎热，是四季中相对难熬的一个季节。很多家长对于是否该给孩子使用空调心存疑虑。由于儿童的新陈代谢比成人快，他们比成人更怕热，儿童的房间温度应该根据气温进行适当调节，所以说有儿童的房间可以用空调。将空调的温度维持在 26℃左右，这样不仅能避免孩子起痱子，而且能保证良好的睡眠。家长需要注意的是每年夏季在使用空调前，一定清洗空调的滤网，以免积存的灰尘、霉菌等播散于室内的环境中。

很多家长担心吹空调后会导致孩子着凉，其实，在空调房间内最好给孩子穿着长袖薄衣服，只要空调排风口不直接吹孩子，就不会引起“着凉”。经常还会有家长问，在空调房间是否一定要给孩子穿袜子。对于是否该给孩子穿袜子这个问题，其实不必过于在意。在空调或非空调房间，是否给孩子穿袜子，应该是习惯问题。其实孩子不怕凉，就怕环境大幅度变化，不要一会儿穿上袜子，一会儿又脱掉；一会儿提高温度，一会又降低温度。环境大幅度变化最容易使孩子生病。保持相对稳定的环境，稳定的养育习惯，更易于预防孩子生病。

另外，很多家长会带着剧烈运动后大汗淋漓的孩子直接进入空调房间、给孩子吃冷饮等，这样做会使孩子运动后产生的热量积于体内，出现中暑、高热、头晕、胃肠道不适或“着凉”，继之出现发热、咳嗽等症状。夏天应该多带孩子出去活动，不要怕孩子出汗，也不要限制孩子出汗。出汗是人体正常生理活动，是新陈代谢的一部分。儿童的发汗功能还不够健全，而且夏天不利于及时散热，剧烈运动后体内产生大量的热需要一定时间才能慢慢散去。因此，孩子大汗后一定要在室外阴凉地方停留至少 30 分钟，同时要补充温水。等孩子落汗后，回家先洗热水澡，再进入空调房间，还需注意千万不要立刻吃冷饮。

床上用品的配置和保养很重要

- 发霉的枕芯、含有残余消毒剂的床单被罩、劣质的床垫都会影响孩子的睡眠，损伤孩子皮肤。

- 使用绿豆、荞麦、茶叶和小米做枕芯的家长，要时常检查，定时更换枕芯内容物。

- 清洗床上用品时不建议过多使用消毒剂，正常的清洁剂即可。

孩子的床上用品多久清洗一次

家长经常问，孩子的床上用品多长时间清洗一次比较合适？其实，这个并没有一个具体的规定，家长根据自家的使用习惯确定更换频率即可。

但是清洗时一定注意不要使用消毒剂，消毒看似会使床上用品非常干净，实际上会导致“干净”过度。床上用品一旦残余有消毒剂，孩子躺在上面的时候化学药剂就会逐渐地渗透到孩子的皮肤上，会对孩子的皮肤造成损伤，这也是孩子反复起湿疹的原因之一。

再有，消毒剂本身对环境的影响会导致孩子的肠道菌群出现异常。因为肠道菌群都是从环境中逐渐吃进去的细菌。环境中的细菌越少，对孩子肠道菌群的发育越不利。

所以家长一定要注意，消毒这个行为不应存在于我们的生活中，应该是特殊环境下才会使用。家里只要清洁，定时清洗就好了，不要过于紧张。

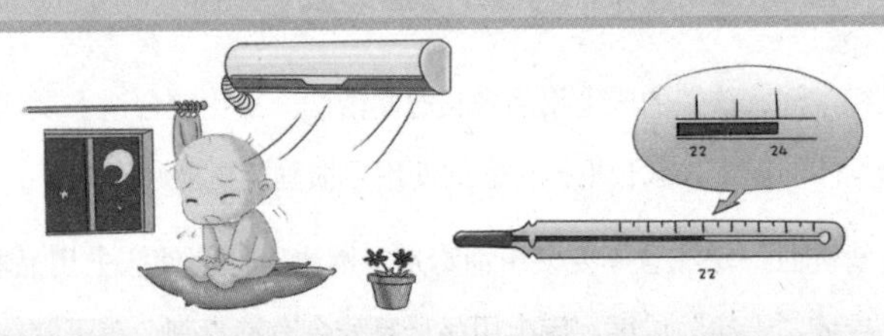

① 冬季开空调的话，温度应维持在22摄氏度以上，如果可能的话维持在24度。

② 冬天不论用暖气还是空调取暖，都会导致室内空气干燥。为了调节室内湿度，可放一些湿布、挂些湿衣服在空调房间里，还可以使用加湿器。

③ 在暖气或空调房间里，如果婴儿嘴唇较干时，可涂少许橄榄油。

④ 对于是否缺水需额外补水问题，应该首先观察婴儿排尿的颜色。如果颜色无色透明或微黄，说明婴儿体内不缺水，可以不用额外补水，因为婴儿的主食是液体食物，奶（母乳、配方乳）中85%都是水。

冬季开空调的注意事项

对于北方地区来说，冬季都有暖气，所以家里基本上不用开空调，但是对南方地区来说，家里没有暖气，就需要开空调。如果是家里比较冷的时候，完全可以开空调来取暖，空调可能噪音比较大，但对孩子并没有直接的伤害。使用空调时家长要注意，别让风口直接吹着孩子就可以。

我们建议家里的温度可以维持在 22 度以上，如果可能的话最好维持在 24 度，这样孩子穿的相对就会少一些，运动就会增加，否则就会因为给孩子穿得过厚而限制了孩子的运动，在冬季的几个月中，孩子的室外活动较少，运动能力可能不能有很大的发展，甚至还可能会有一定的退步。所以建议如果家里比较冷的话，家长要给孩子持续地开着空调，这样让孩子的日常生活、室内运动、睡眠都能得到很好的保障。

孩子中午在室外与小朋友奔跑玩耍近两小时，回家吃了冰淇淋后午睡。一小时后出现呕吐、高热，晚间开始腹泻，但大便检测正常，这是中暑了吗？

孩子出现中暑现象（高热、头晕、胃肠道不适等）时，不要带他进入过凉的环境，比如有空调的房间，应尽可能多给孩子饮温水。对于3岁以上的孩子可服用藿香正气水、人丹等药物，保证休息。

千万不要给孩子吃过多冷饮，身上也不要使用冰袋等降温。冰袋会使皮肤血管收缩，更不利于降温。

4 崔大夫门诊问答

孩子吸吮手指是自我安慰的表现，属正常现象。若家长不能接受，可更换为安抚奶嘴。吸吮安抚奶嘴不会对孩子的牙齿发育造成不良影响，倒是频繁地阻碍孩子吸吮手指，反而会增加孩子对吸吮手指的欲望。

很多家长担心，吸吮手指会造成肠道感染，于是经常给孩子清洁小手。使用清洁湿毛巾清洁婴儿的手才是正确的方法。

使用消毒纸巾就是非常错误的方法。使用消毒纸巾或免洗消毒液擦手，会导致孩子通过吸吮手指吞入消毒剂。

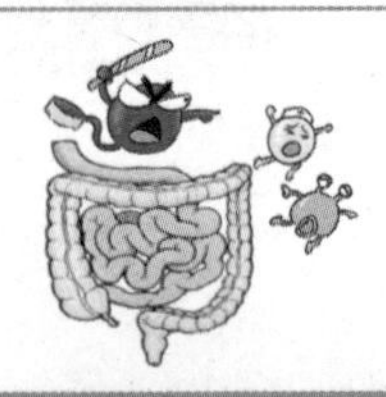

食入消毒剂会破坏肠道正常菌群，致胃肠功能紊乱，引起消化吸收不良、慢性腹泻，甚至过敏等。

户外活动期间，也要尽可能用清水冲洗婴幼儿双手。

孩子为何总是吃手

孩子吸吮手指是自我安慰的表现，属于正常现象。若家长不能接受吸吮手指的现象，就可给孩子使用安抚奶嘴。吸吮安抚奶嘴不会对孩子的牙齿发育造成不良影响，家长不要过于纠结。倒是频繁地阻碍孩子吸吮手指，反而会增加孩子对吸吮手指的欲望。有些孩子还会以此行为引起家长的关注，即所谓“逆反心理”。家长使用分散注意力或淡化不关注的方式反而会有较好效果。

很多家长还担心，孩子频繁吸吮手指或拳头可能会造成肠道感染，于是经常给他们清洁小手。从预防病从口入的角度，这样做值得提倡。使用干净的湿毛巾清洁婴儿双手是正确的方法，而使用消毒纸巾就是非常错误的方法。使用消毒纸巾擦手，或使用免洗洗手液擦手，会导致孩子通过吸吮手指吞入消毒剂。食入消毒剂会破坏肠道正常菌群，致胃肠功能紊乱，引起消化吸收不良、慢性腹泻，甚至过敏等。户外活动期间，也要尽可能用清水冲洗婴幼儿双手。

宝宝流口水，最近脸上一直起疹子，怎么办呢？

建议家长使用柔软的毛巾或纸巾蘸口水；

孩子睡觉时，局部涂凡士林，不仅可以隔离局部皮肤与唾液，还有利于破损的皮肤恢复正常。

口周涂润肤露容易吃进口腔，所以建议用清水清洗并用干软纱布蘸干局部后，涂上薄薄一层橄榄油，效果会不错，而且安全。

如何护理宝宝的口水疹

婴儿流口水容易造成口周颜面部皮肤粗糙、脱屑，甚至出现小裂口，称为口水疹。口周皮肤的变化，除了与接触食物或唾液刺激有关外，还与大人给孩子擦拭口水时使用的擦拭物与皮肤摩擦有关。

那么宝宝流口水应该如何护理呢？建议家长使用柔软的毛巾或纸巾蘸口水；还有在孩子睡觉期间，可以局部涂点凡士林或橄榄油，这样不仅利于破损的皮肤恢复正常，同时也利于局部皮肤与唾液的隔离。

保持局部干燥并适当用些润肤露效果肯定不错，但是对小宝宝来说保持口周皮肤干燥谈何容易！而且口周涂润肤露比较容易吃进口腔，所以建议用清水清洗并用干软纱布蘸干局部后，涂上薄薄一层橄榄油，不仅效果会不错，而且非常安全。

宝宝出痱子应该如何护理？

湿疹起自皮下，没有明显分界，边界不清，很快出现脱屑，严重者会出现渗液、红肿。

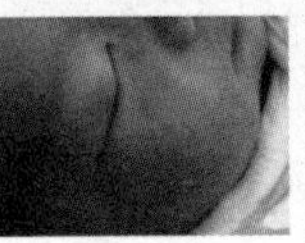

热疹起自毛囊，是汗液不能很好排出所致，所以是界限清晰的小粒状红色皮疹，严重者小粒皮疹内出现乳白色脓性液。

建议妈妈每次喂奶后，用非常柔软的干纱布蘸净婴儿脸部汗液。室内温度在24℃～26℃左右为佳。

痱子粉容易被宝宝吸入肺内，所以建议还是选择痱子水。另外，洗澡水内放入一些“十滴水”等也可防痱子。

如遇孩子因玩耍等已出大汗时，及时用干毛巾将身体擦干，并更换干爽的衣服，不要用湿衣服捂着皮肤，这样非常容易出痱子。

宝宝出痱子应该如何护理

典型的痱子初期为红色小点，然后出现透明小泡，破溃后脱屑，严重可化脓，出现脓疱疹，局部皮肤干燥透气后会很快好转。

很多母乳喂养的婴儿脸上会出现热痱子，多是由于在母乳喂养的过程中，婴儿脸部与妈妈乳房接触过多，脸部受到妈妈汗液的刺激而产生。建议妈妈每次喂奶后，用非常柔软的干纱布蘸净婴儿脸部汗液。同时还要保证室内温度适宜，一般在 24℃左右为佳。孩子身上的热痱子在夏天比较多见。为预防起痱子，家长们普遍会给孩子涂痱子粉，特别是在洗澡后，可是在给孩子扑粉时，能否保证粉状物不被吸入肺内？所以建议还是选择痱子水，其实洗澡水内放入一些“十滴水”等也可预防痱子。冬季由于室温过高，家长给孩子穿得过多，经常搂抱，起痱子的孩子也不少。保持居室的通风，使空气干爽，适当减少穿着，保持皮肤透气和全身干爽，都可以有效预防痱子。

控干奶瓶小妙招

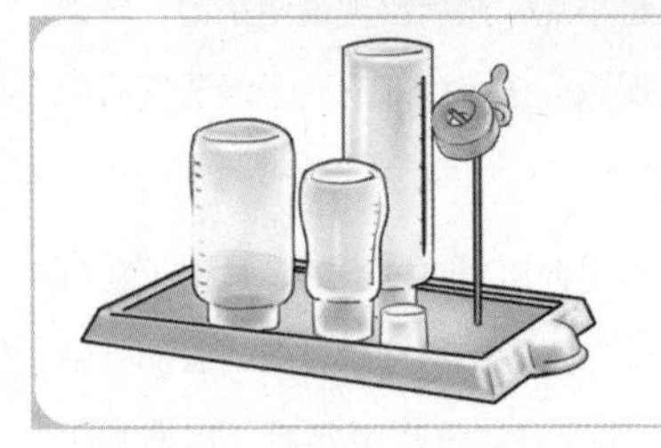

金属线编织的小架子就可以拿来控干奶瓶和奶嘴，购买或自己制作均可。如果认为金属架不够卫生，还可以在上面铺上干爽的纱布。

有些家长非常爱干净，孩子的奶瓶每天都要用奶瓶清洗剂清洗，可是又担心清洗剂刷奶瓶后不能保证冲洗干净，会有残留的清洗剂被宝宝吸入身体，造成伤害，非常纠结。

其实，用开水烫洗，并用奶瓶刷刷洗后，控干奶瓶内的水分即可。干燥是最好的“消毒剂”。

孩子的奶瓶如何清洁

有些家长非常爱干净，孩子的奶瓶每天都要用奶瓶清洗剂清洗，可是又担心清洗剂刷奶瓶后不能保证冲洗干净，会有残留的清洗剂被宝宝吸入身体，造成伤害，非常纠结。那么真的有必要每天用清洁剂清洁奶瓶吗？

其实，最好不用奶瓶清洗剂等清洗奶瓶，因为化学物质容易黏在奶瓶内壁上，下次喂养时容易一同被婴儿吞入消化道。自然、物理的清洁方式应该成为保护婴幼儿健康的主流，不要过多使用化学消毒剂。残余消毒剂进入人体内，会对孩子肠道本身、肠道内菌群产生不利影响。用开水烫洗，并用奶瓶刷刷洗后，控干奶瓶内的水分即可。干燥是最好的“消毒剂”，即使是煮沸消毒，也要控干奶瓶和奶嘴上的水分。给孩子使用奶瓶前，必须保证奶瓶内干燥。如果想要消毒，只采用开水烫、蒸锅蒸或消毒锅即可，每天一次已经足够。

若是将奶汁等呛入气管，容易造成吸入性肺炎。如果孩子反复出现呛奶，应考虑是否存在喉软骨软化，应该咨询医生找出呛奶原因。

孩子呛奶时，千万不要竖着抱，竖着抱时，这些奶液等物质不容易被咳出来，反而进入了更深的部位，导致呛咳问题会更加严重。所以，在孩子呛奶时，让孩子趴着，最好是头低点，叩击孩子的背部，这样容易把一些奶汁或分泌液咳出来，很快就能制止呛奶。

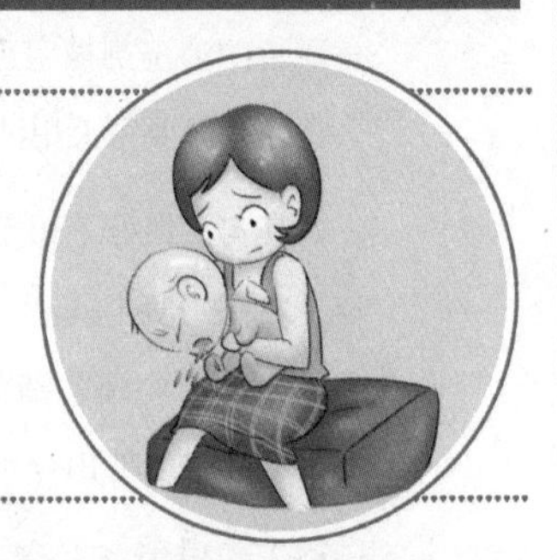

当然预防胃食道反流是一方面，如果孩子真的是有喉软骨软化时，喂奶要特别小心，严重的呛奶可能导致奶液刺激呼吸道，出现炎症的反应，但绝大多数情况，不会造成这样的问题，只要呛奶解决了，情况就会恢复正常。

小婴儿呛奶怎么办

呛奶对小婴儿来说是非常常见的一种现象。呛奶通常有两个原因，第一个原因是胃的内容物通过食道反流出来以后，孩子呼吸时刺激了喉部，或者部分进了气管，引起了强烈的反射，导致孩子咳嗽。第二个原因是孩子在吃奶的时候，因为气管封闭得不好、喉软骨软化的情况下，吃奶时有少许奶进入了气管内，引起了孩子剧烈的反复咳嗽。

孩子呛奶的时候，千万不要竖着抱，因为竖着抱时，这些奶液等物质不容易被咳出来，反而进入了更深的部位，导致呛咳问题会更加严重。所以建议，在孩子呛奶时，让孩子趴着，最好是头低点，叩击孩子的背部，这样容易把一些奶汁或分泌液咳出来，很快就能制止呛奶。

当然预防胃食道反流是一方面，如果孩子真的是有喉软骨软化时，喂奶要特别小心。严重的呛奶可能导致奶液刺激呼吸道，出现炎症等反应，但绝大多数情况，不会造成这样的问题，只要呛奶解决了，情况就会恢复正常。

1. 睡觉时尽量保持平躺姿势。

2.睡在较硬的床面上。平时睡眠不要睡在汽车安全座椅或其他座椅上。

3. 婴儿应与父母睡在同一房间，但不要睡在同一张床上。

4. 婴儿围栏床上不要有包括枕头、毯子、围栏垫在内的软物。

5. 不建议楔样襁褓包裹和体位控制器。

6. 睡眠时可使用安抚奶嘴。

7. 不要覆盖婴儿头部，不要给婴儿覆盖过多覆盖物。

为何宝宝睡觉总是黑白颠倒

婴儿出生之前在妈妈子宫内是没有任何光照刺激的。所以出生后，家长需要逐渐给孩子营造白天和夜晚不同的环境。白天，即使孩子睡觉时，家里也不要拉上窗帘，家人活动也不需要受到任何限制。夜间，家中要保持安静，同时关闭或调暗光源。如果孩子已经形成了黑白颠倒的睡眠习惯，家长可以在白天制造噪音或增加室内光线，让孩子白天睡不踏实，这样过一段时间后，孩子就可以逐渐转到夜间睡觉的习惯。

把孩子放在大床上睡觉，孩子会到处滚，很难保证安稳的睡眠，应该把孩子放在小床上。适当的空间限制，会使孩子保持高质量的睡眠。对于睡眠质量，家长更应该关注的是孩子是否能安稳睡觉，而不是睡眠姿势是否合适。当然，孩子睡眠的姿势也很重要，每个孩子都有自己喜欢的睡眠姿势，无论仰卧、侧卧、俯卧，只要孩子喜欢，都没有问题。不能要求所有孩子的睡眠姿势都是平卧。大人千万不要按照自己的想法，不断调整孩子的睡眠姿势，致使睡眠质量受到影响。

我的经验是宝宝醒来后给他吃点奶很快就睡着了。
喂养确实易使孩子快速入睡，但容易造成定时醒来的习惯。健康宝宝能够调整睡眠与进食的关系，不要刻意干扰孩子的作息规律。特别是当婴儿已养成夜间长睡的习惯后，家长更不应人为干扰。婴儿在不断摸索学习睡觉，家长不要太多地干预，要相信孩子。

对于孩子何时可以不夜奶喂养这个问题，家长首先应考虑孩子进食情况，生长发育情况。如果进食和生长都健康，且夜间睡觉非常好，几个月后夜间就可以不必刻意按时间叫醒孩子喂奶。

孩子睡眠时代谢慢，消耗少，不会因此出现饥饿性低血糖等问题。而且睡眠期间生长激素相对旺盛，对生长非常有利。

孩子为什么总是睡不踏实

家长们经常会谈及孩子睡觉不踏实的问题。其实，这个“不踏实”还要看是真的睡“不踏实”，还是家长认为的“不踏实”。

孩子睡觉期间翻身但不醒，或者出现一些声响但自己能够调整并继续睡觉就不是睡觉“不踏实”。孩子睡觉时翻身或发出一些声响时，如果大人给予应答，比如拍、哄、抱孩子就有可能真的弄醒婴儿。人为干扰孩子睡眠不仅会引起孩子烦躁、哭闹，还会影响婴儿自身作息规律的保持，对生长不利。

也有很多孩子面临着真正的睡眠不安，主要是跟肠胃不适有关。3周~6个月的孩子容易肠绞痛、肠胀气，这些问题都会影响到孩子的睡眠，引起肠绞痛的原因很多，其中对配方粉耐受不良就是常见原因之一，建议将配方粉换成部分水解配方。消化不良、食物不耐受或过敏、便秘等也可能引起肠胃不适而影响睡眠，个别儿童睡眠不安可能与肠道寄生

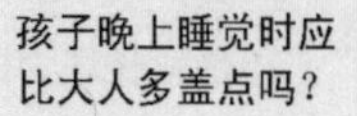
孩子晚上睡觉时应比大人多盖点吗？

孩子新陈代谢快，平素又总在活动，因此产热比大人多，所以建议白天给孩子穿衣服比成人少些，夜间睡眠时覆盖物也不需要比成人多。

宝宝6个月，晚上睡觉老踢被子，经常着凉。

如果给孩子盖得过多，他睡觉时就容易出汗，踢被子后又容易着凉，不如少盖些为好。

虫有关。

另外，孩子睡眠不安时，家长还要留心观察孩子睡眠时是否张着嘴。如果孩子的上气道不畅通，就会出现张口呼吸，特别是睡觉时更明显。一般来说，鼻塞（鼻黏膜水肿、分泌物过多）、腺样体肥厚、扁桃体肿大严重时，可致上气道通畅不良。如果发现这样的问题，应尽早到耳鼻喉科就诊，以免慢性缺氧影响孩子的生长发育。

除了肠胃不适及上气道不畅通，疾病也可能是孩子睡眠不安的原因。但这种情况下，一般都会伴有疾病的其他症状，比如发烧、腹泻等。

安抚奶嘴

是否该给孩子使用安抚奶嘴，这一直是个有争议的话题。对于安抚奶嘴有很多负面传言，比如会让孩子的牙齿排列不整齐，发育受影响，会使孩子不再愿意接受妈妈的乳头，导致母乳喂养困难，会让孩子产生依赖等。这使许多妈妈对它存在着极大的排斥。

事实上，安抚奶嘴不仅不会对孩子的发育造成大的伤害，还会给孩子带来很多好处。

孩子什么情况下需要安抚奶嘴

小宝宝，特别是6个月内的小婴儿，需要安抚奶嘴的帮助。每当他们感到肠胀气、饥饿、疲惫、烦躁或是试图适应那些对他来说新鲜又陌生的环境时，就需要许多特别的安慰和照顾。如果食物、轻轻晃动、轻拍背部、妈妈温柔的怀抱、温柔的音乐或歌声等还不足以使他平静，他就会开始吸吮手指，这时家长就应考虑给小宝宝使用安抚奶嘴了。

小宝宝通常对安抚奶嘴的大小和形状很挑剔，所以在最开始的时候，要多给孩子试用几个不同形状、不同大小的安抚奶嘴，观察孩子的反应，直到选到他满意的为止。对于已经过于依赖吸吮手指的孩子，妈妈可将乳汁或果汁涂于安抚奶嘴上，诱导孩子喜欢安抚奶嘴，从而戒除吸吮手指。

多数孩子在6～9个月时会自己主动戒掉使用安抚奶嘴的习惯。这是因为这时候的宝宝开始学习坐、爬等技能，他们的兴趣集中在伸手去抓东西时的快乐，这些不断增长的技能和控制能力已经让他们觉得很满足，于是安抚奶嘴对他们

含着安抚奶嘴才能入睡怎么办？

如果安抚奶嘴能帮助小婴儿形成有规律的睡眠，那是好事。

使用安抚奶嘴的孩子更易患上中耳炎吗？

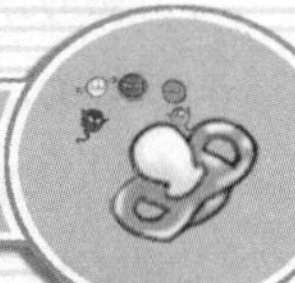

只有在细菌附着于安抚奶嘴上再进入嘴里后，才会使孩子患上中耳炎，因此要每天清洗安抚奶嘴。

吮吸安抚奶嘴可以帮助孩子养成用鼻呼吸的习惯吗？

婴儿用鼻子呼吸可以防止外在的病毒和病原菌侵入体内。安抚奶嘴可以帮助孩子逐渐学着用鼻呼吸。在孩子已经习惯了用鼻呼吸后（尤其是1岁以上的孩子），就不要刻意让他使用安抚奶嘴。

来说已经不再那么重要了。

如果孩子喜欢午睡和晚上睡觉时使用安抚奶嘴并且很难让他放弃，可以等到孩子稍大点再让他改掉这个习惯，最高不能超过 2 岁。如果 2 岁还不能改掉吸吮安抚奶嘴的习惯，可以采用“强制”的方法——在更换环境下，比如外出旅游、回姥姥家居住等，安抚奶嘴“突然”消失。虽然安抚奶嘴突然消失的头几天可能会造成孩子一定的不安，但还是比较容易过渡的，家长不需担忧。

使用安抚奶嘴需要注意什么?

每天定时使用开水冲烫安抚奶嘴。

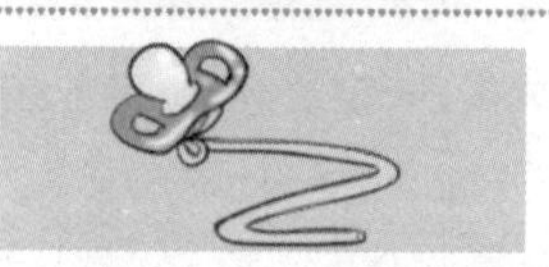

不要在安抚奶嘴上系绳子，以免发生意外。

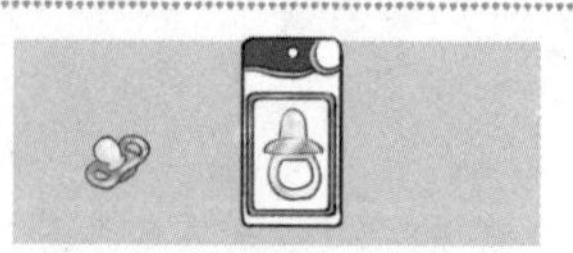

两月一换，有裂纹的及部件不齐全的安抚奶嘴要及时更换。

如发现孩子用牙齿咬安抚奶嘴，应开始给孩子使用磨牙玩具。

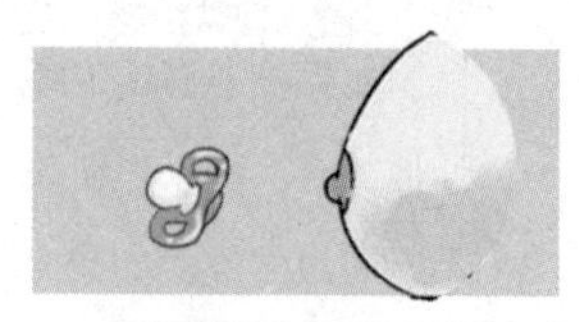

尽可能选择和妈妈乳头形状相似的安抚奶嘴。

孩子没有吸吮手指的习惯，无须使用安抚奶嘴。

孩子1岁后，要帮助他逐渐转移对安抚奶嘴的依赖。

安抚奶嘴会不会影响母乳喂养

小宝宝们非常聪明，他会清楚地知道妈妈的乳头和橡胶、硅胶制成的安抚奶嘴之间的差异。通常要等到孩子出生后至少三个星期，才能给他使用安抚奶嘴。当小宝宝需要妈妈的照顾、安慰时，他会坚决地选择妈妈而不是安抚奶嘴。

研究显示，关于安抚奶嘴会影响母乳喂养的说法是没有事实根据的。恰恰相反的是，孩子得到安抚奶嘴后，很可能会促进母乳喂养。这是因为，安抚奶嘴使孩子形成自我安慰的行为，这样就能让疲惫的妈妈腾出时间来好好休息，比如好好地睡上一觉等，这能让妈妈的身体从生产和喂奶所带来的疲惫中尽快恢复过来。

吸吮大拇指和使用安抚奶嘴有什么不同？

孩子对吸吮安抚奶嘴的依赖与吸吮手指完全相同。

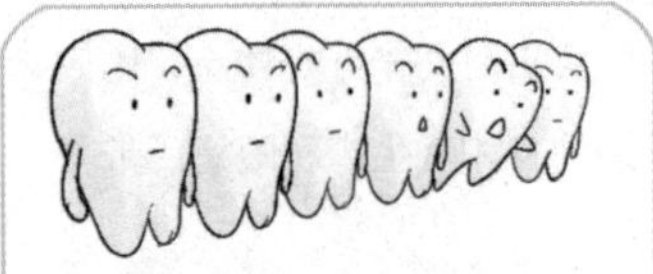

长期吸吮手指可造成牙龈向口腔内轻度倾斜的机会增加，可能导致今后牙齿排列不规整。

吸吮安抚奶嘴时，每次吸吮都会受到安抚奶嘴外部圆片的拮抗，从而削减吸吮对牙龈的影响。

孩子长大些后，会因对外界兴趣增加而戒除安抚奶嘴。

安抚奶嘴会不会影响宝宝牙齿发育

安抚奶嘴是否会对孩子的牙齿造成损害，要根据使用安抚奶嘴的频率、程度、时间长短进行判断。

如果孩子只在1岁以前偶尔使用安抚奶嘴，那就不会影响他的牙齿发育。但是如果孩子是一个安抚奶嘴的狂迷者，总是离不开安抚奶嘴，那就要小心他的牙齿了。比如这可能会让他出牙的时间比正常晚，或者牙齿长得不整齐，或者出现两个牙齿重叠等现象。

重要的是要让孩子正确使用安抚奶嘴，安抚奶嘴由盲端奶头和扁片组成。盲端奶头可以防止孩子吞咽进较多的空气，而扁片可以通过反作用力的方式缓解孩子吸吮造成对牙齿和牙龈的影响。吸吮手指和吸吮安抚奶嘴相比，吸吮手指对牙齿的影响更为严重。尽量让孩子在1岁以后不要再使用安抚奶嘴，家长可以为他选择其他的安慰物。

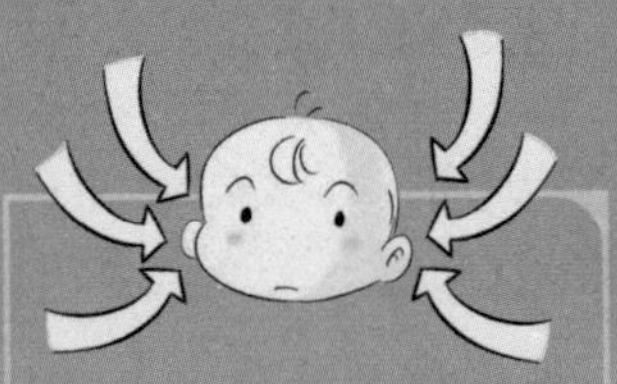

小婴儿乘飞机应该不会有问题，唯一担心的就是如何预防孩子双耳受飞行中气压变化的影响。

只要在飞机升降过程中，让孩子吸吮安抚奶嘴、与孩子说话、逗孩子乐等都可缓解气压变化对其双耳的影响。

小婴儿可以乘飞机吗?

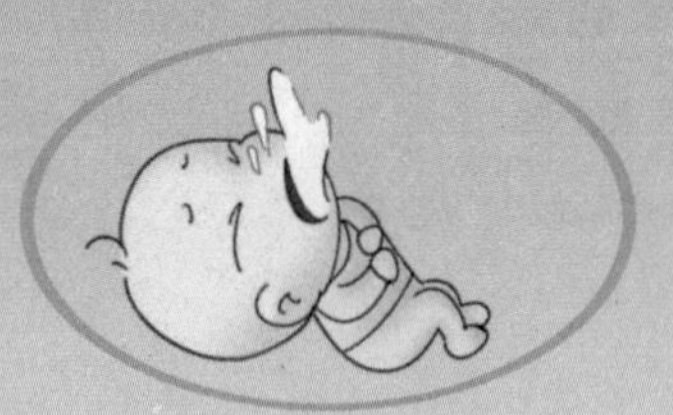

吃奶过程同样可以缓解压力变化对耳膜的影响，但若飞机突然颠簸，有可能造成呛奶。

所以不建议在飞机升降时给孩子喂奶，平飞过程对婴儿没有影响。

节假日带孩子外出要注意什么

很多家庭会在节假日准备带孩子外出，那么外出有哪些需要注意的事项呢？短距离的郊游相对简单，最好自备婴幼儿的食物，可考虑罐装食品，尽量不吃饭馆的饭菜。注意车内与车外的温差，不要让路途睡觉的孩子一下车就遇风着凉。出远门时，注意保持原有的生活习惯，可携带退热药、益生菌等以备孩子不适时使用。野外受太阳影响气温变化大，注意及时增减衣服，注意预防蚊虫叮咬。夏日要带应付太阳曝晒的大檐帽、遮挡推车或防晒霜等。

远距离出行时，要选择合适的出行方式，安全要放在首位。选择乘飞机出行是部分家长的选择，只要在飞机升降过程中，让孩子吸吮安抚奶嘴、与孩子说话、逗孩子乐等都可缓解气压变化对其双耳的影响，还要注意在飞机起降过程中不要给孩子喂奶，以免呛奶。

选择自驾车出行的父母必须要注意，一定要给孩子使用安全座椅，车内其他成人坐在副驾位置抱着孩子是大错特

开车外出时使用安全座椅是预防意外的有效方式

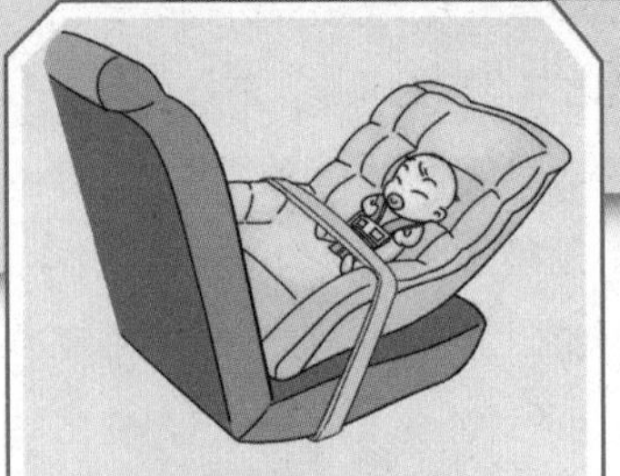

婴儿体重不足10公斤时安全座椅的摆放

婴儿体重超过10公斤时安全座椅的摆放

医院急诊室经常会有因妈妈抱着坐在副驾驶位置上而且没系安全带，在碰撞中受伤的孩子来就诊，有的孩子是骨折，有的是下唇贯通伤。血的教训告诉我们，一定不能轻视安全问题。

错。对于孩子坐在安全座椅内总是哭闹的情况，应该考虑孩子双侧内耳发育是否存在不均衡，平时可以带孩子玩转椅、秋千等游戏以锻炼双侧内耳。一定要使用儿童锁，防止孩子不慎打开车门。一定要把孩子安全地放在车内后再上车、倒车或者移动；下车熄火后，再打开车门将孩子带到安全地带；不要让孩子在车前车后玩耍。长途行驶过程中定时休息并保持车厢内通风透气。

另外，节日期间还要特别注意保持生活规律。比如春节期间很多家庭在外地度过，家庭团聚时，注意不要改变孩子的进食习惯和食物特性。节后回到各自城市，会出现很多不适应情况，气候、饮食、起居等变化致儿童生病急剧增多，以发热、咳嗽或腹泻为主。要特别关注孩子，注意及时增减衣服，从南方回到北方的要注意多饮水，生活规律要循序渐进地改变。遇到孩子不适，及时就诊，采取适宜的治疗。

大人可以多带孩子去不同的场景体验，比如公共汽车、地铁、购物商场、游乐场等地方，让孩子多见识，培养平和的心态。

不要急于让孩子跟外人接触。先让孩子熟悉这些场景，再逐渐跟已经熟悉的人简单接触。

但要注意，不要随便让孩子并不习惯的陌生人来接触孩子。

孩子胆小认生怎么办

很多孩子相对比较认生，有时候见到生人或者到了陌生的环境都会很恐惧。其实这个不是孩子的问题，是大人的问题。

大人应该带孩子多去不同的场景，比如说天气好，时段也好的情况下可以带孩子坐几站公共汽车，坐几站地铁，甚至带孩子去购物商场、公园、游乐场等地方。这样孩子见识多了心态就会比较平和。

带去这些地方的时候我们先不要让别人过多地跟孩子接触，而是先看场景。等孩子对所有的场景已经不紧张了以后，再逐渐让他跟一些他熟悉的人简单接触，比如说挥挥手打个招呼，到摸一摸手这样，逐渐地接受身体上的接触。但是再怎么让孩子不认生，也不要随便让陌生人抱孩子，这里的陌生人指的是孩子不习惯的陌生人。

孩子们哭着要求某事某物的时候，如果这个事情真的不能进行，即使哭得很厉害，大人也不要满足。

家长可以处理自己的事情，装作没有看见，让孩子自己放弃无理的要求。

孩子把哭闹当武器怎么引导

有些家长抱怨，孩子一哭闹就可以达到满足自己需求的目的，这种反射是不是很不好。其实这种反射不是孩子自己发明创造的，而是大人引导的。

很多大人听不得孩子哭，只要孩子一哭马上就满足他的需求。但随着孩子长大，才发现这种做法不好，于是立即改变为强硬严厉的否定态度，冷脸呵斥，甚至孩子哭的时候，有些家长会厉声训斥甚至打骂孩子，让一时无法适应家长态度转变的孩子哭得更加厉害。

其实这个事情很简单，我们应该用行为教育孩子。如果这个事情真的不能进行，孩子即使哭，大人也不要满足。不是放置孩子不理，而是孩子的行为不正确，家长可以自行处理自己的事情，装作没有看见，装作对这件事请没有感觉。孩子就会觉得哭闹不会引起大人的注意，才可能会放弃。千万不要和孩子针锋相对，越是这样，越会加速这种不良现象的发生。

从很小的事情做起，锻炼孩子习惯与妈妈的短时间分离。比如说拿一个手绢罩在孩子脸上马上打开，让孩子感觉看不见的妈妈突然又出现了，逐渐地延长罩手绢的时间。

妈妈去卫生间、洗浴间、厨房或者出去办事等的时候，可以将孩子交给家里的其他人，让孩子与家里的其他成员接触，接触了家里的其他成员，再让孩子逐渐接触外界的人员。

妈妈对于分离不要有过分焦虑的心态。如果妈妈过分焦虑，回家后第一时间马上把孩子抱过来，就会将这种心态传给孩子，孩子以后对家里的其他人或是外人就会表现出更拒绝的心态。

孩子只粘妈妈一个人怎么办

很多妈妈都说孩子只要看见妈妈就不让别人抱了，因为孩子对妈妈的依赖是不用怀疑的，也不是非要用道理就可以解释的。但是在孩子逐渐长大的过程中，要让孩子与家里的其他成员接触，接触了家里的其他成员，再让孩子接触外界的成员。

所以妈妈要有意地让家里的别人去关注孩子，甚至可以短时间内去照顾孩子。比如说妈妈去卫生间、洗澡、厨房、出去办事等时候，可以将孩子交给家里的其他人。妈妈一定要相信家人可以将孩子照顾好，不要有过分焦虑的心态。如果妈妈过分焦虑，回家后第一时间马上把孩子抱过来，就会将这种心态传给孩子，孩子以后对家里的其他人或是外人就会表现出更拒绝的心态。

绝大多数孩子都不喜欢吃药，并且孩子生病本身就痛苦，给孩子喂药时家长一定要放平心态，不要从言语或是情绪上给孩子们心理压力，要为孩子讲解这些药的好处。

在喂养时也不要过于强迫，强行灌药、掐着嘴喂等方式会导致孩子更大的拒绝，可以和一些食物或是一些其他味道的东西一起喂，从而使孩子更容易接受。

孩子害怕吃药怎么办

绝大多数孩子都不喜欢吃药，这是非常正常的。但是孩子生病必须吃药时家长一定要放平心态，因为给孩子喂药是必须的，千万不要从言语或是情绪上表达出“不愿意吃也得吃”“无论如何立即吃下”这一类强迫命令式的情绪。

因为我们的情绪会被孩子理解，孩子就会相对地拒绝，我们要逐渐为孩子讲解这些药对孩子的好处。同时在喂养时也不要过于强迫，掐着嘴喂等方式会导致孩子更大的拒绝。我们可以和一些食物或是一些其他味道的东西一起喂，让孩子更容易接受。孩子生病，本身就痛苦，家长喂药给孩子，如果过于紧张，容易造成更大的心理障碍。家长首先要放松。只有家长自己放松，孩子接受吃药这件事才可能会顺利。

跟孩子一起读书同样是为了养成一种习惯，而不是从他真正听懂的那天才开始。

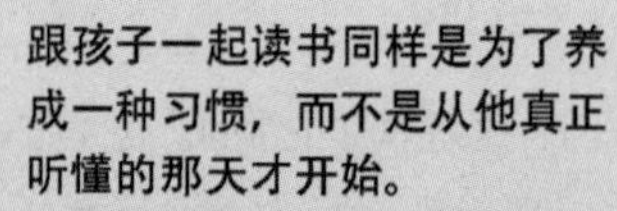

家长在孩子很小的时候就可以静静地给孩子读书，不管孩子是否在听也不管孩子是否愿意听，逐渐地让孩子理解，在一定的时间内是要听故事的，比如说睡前，或者是安静的状态下，使孩子逐渐理解和养成应该定时读书和听故事的习惯。

多大开始给孩子讲故事比较合适

很多家长都问多大能跟孩子一起读书、一起讲故事呢？孩子多大能听懂呢？实际我们给孩子讲故事是为了养成一种习惯，跟孩子一起读书同样是为了养成一种习惯，而不是从他真正听懂的那天才开始。

这种习惯会影响孩子非常长远的时间，甚至是一辈子，所以家长在孩子很小的时候就可以静静地给孩子读书，不管孩子是否在听也不管孩子是否愿意听，逐渐地让孩子理解，在一定的时间内是要听故事的，比如说睡前，比如说安静的状态下。所以家长一定要坚持，养成一种规律，使孩子逐渐理解和养成应该定时读书和听故事的习惯。

不要为了省事把两个孩子分开养育。

两个孩子相互陪伴，对各自的心理和行为发育都有很大的帮助。

两个宝宝的家庭怎么带孩子

一个家庭有两个宝宝，一个 6 个月，一个 4 岁，在同一天约两个不同时间来体检，起初以为父母带两个孩子来会手忙脚乱，后来才得知一个在奶奶家养，一个在姥姥家养，父母两头跑帮着照顾，这个是天大的错误。

两个孩子相互之间是个伴。在陪伴的过程中，幼儿的心理发育才能逐渐成熟。可能老二的年龄还十分幼小，但是老大在与老二交流的过程中会逐渐学会照顾老二；再有，老二会看着老大的一举一动模仿学习，对老二的心理和行为发育都有很大的帮助。千万不要因为觉得两个孩子可能会互相干扰而分别去养育。家长一定要把两个孩子放在一起养，虽然会遇到很多困难，但是对今后两个孩子心理发育的成熟非常重要。在这个过程中，家长的正确引导十分重要。

另外，对于双胞胎，不论是否为早产，养育上会有很多不同点，家长不要将两个孩子进行实时比较，特别是喂养量。每个孩子的消化吸收能力有所不同，应遵循各自的规律。只要能够保证健康生长（依据世界卫生组织颁布的生长曲线），不用刻意追求喂养量。

孩子1岁左右，手里可以拿着勺子或是食物往嘴里放的时候，就可以开始培养独立吃饭。

大人需要适时的引导。因为孩子可以观察到大人，大人同时往嘴里放，孩子就会逐渐地知道，可以通过手或是餐具拿到以后往嘴里放，自己进食会更愉快。

孩子在自己进食的过程中，肯定会弄得乱七八糟，家长不要为此指责孩子，而要鼓励孩子。千万不要为了干净，限制孩子自己吃饭，结果使孩子的发育能力落后。

培养孩子独立吃饭，何时开始最好

培养孩子独立吃饭应该从什么时候开始呢？实际从孩子1岁左右，早一些的在9～10月左右，孩子手里可以拿着勺子或是拿着食物往嘴里放的时候就可以开始了。

但是大人要知道这是一个过渡，让孩子知道可以通过手或是餐具拿到食物以后往嘴里放，大人同时也往嘴里放，让孩子逐渐地知道，自己独立进食会更愉快，因为他们可以观察到大人是自己进食的，这样孩子才能逐渐地学会自己进食。

孩子在自己进食的过程中，肯定会弄得乱七八糟，家长不要为此指责孩子，而要鼓励孩子，这样才能使孩子学会自己吃饭，千万不要为了干净，限制孩子自己吃饭，结果使孩子的发育能力落后。

解决皮肤干燥，可以给孩子喝水，但不要强迫。只要孩子排尿为无色透明，就应该断定体内不缺水。

解决皮肤干燥，更主要的是要给孩子涂抹润肤露。每天定时或是每次洗澡后给孩子涂抹润肤露。

如果局部皮肤出现了裂口渗水等湿疹的症状，需要使用含有激素的药膏，对于顽固的湿疹，除了使用激素，还要使用一点点的抗生素，只有当皮肤恢复完整后，我们才可以继续使用润肤露，在没有恢复完整前，一定要使用含有激素、抗生素，并且有止痒、促进修复等作用的药膏涂抹于局部皮肤上。

皮肤干燥很严重怎么办

秋冬季节孩子特别容易出现皮肤干燥，这与环境干燥有一定的关系。通过给孩子喝水并不能解决根本的问题，主要解决方法是给孩子涂抹润肤露。每天定时或是每次洗澡后，给孩子涂抹润肤露，可以保持孩子皮肤的湿润和光滑，以避免出现裂口渗水，对湿疹的预防和湿疹的纠正有非常好的促进作用。

如果局部皮肤真的出现了裂口渗水等湿疹的症状，我们需要使用含有激素的药膏。对于顽固的湿疹，除了使用激素，还要使用一点点的抗生素，只有当皮肤恢复完整后，我们才可以继续使用润肤露。在没有恢复完整前，一定要使用含有激素、抗生素，并且有止痒、促进修复等作用的药膏涂抹于局部皮肤上。

在孩子吃奶或是吃饭的时候，家长不要吃东西或是不停地说话，也不要让其他家人在一旁走来走去，要保持一个相对安静的周边环境。

在可能的情况下，孩子应尽早跟大人同桌吃饭。而且孩子吃饭的时间尽可能与大人吃饭的时间相符。吃奶也是相同的，如果旁边人都在吃饭，对孩子吃奶也是有极大的帮助。

为什么孩子吃奶不专心

很多家长抱怨孩子不专心吃奶，实际上，大人想过没有，在孩子吃奶或是吃饭的时候，家长在做什么？家长是不是专心地跟孩子进行所谓的交流？这个交流是什么？是你也在吃东西。如果大人也在吃东西的话，孩子通常也只会专注于吃。而我们现在，很多大人在给孩子喂奶或是喂饭时，眼睛没有集中于孩子不说，关键是嘴经常会说话，周围的人也走来走去，这样孩子怎么会专心地吃饭？

因为大人是孩子的榜样，如果我们能够陪孩子专心地吃，那么孩子也会好好地吃。所以我们建议，在可能的情况下，孩子应尽早跟大人同桌吃饭。而且孩子吃饭的时间尽可能与大人吃饭的时间相符。吃奶也是相同的，如果旁边人都在吃饭，对孩子吃奶也是有极大的帮助。家长一定要记住，榜样的力量很重要，家长就是榜样。

- 利用垫子可以让孩子学会趴、学会爬，垫子周围有个扶栏或是沙发之类的，孩子就会学扶站，然后到独立站、独立走。

- 孩子趴着的时候，眼前可以放一些小型玩具，诱导并延长趴着的时间，有利于孩子全身肌肉协调运动。

- 孩子接触的玩具和其他物品应该是孩子不能直接吞咽的物品，否则容易有安全隐患。

清洗玩具时，不要总是简单地采用消毒剂擦拭的方式，以防孩子将残余消毒剂通过手或啃咬过程吃进胃肠道内。对塑料等玩具，建议用清水擦洗；对毛绒玩具，要常暴晒，并拍打去除毛绒中的灰尘等脏物；布艺玩具可定时清洗。

如何通过玩具促进孩子的运动发育

家长有时会问，如何通过玩具促进孩子的运动发育？运动分为两块，分为大运动和精细运动。

大运动就是我们说的翻身、趴、爬、坐、站、走、跑这些运动。这些运动基本上不需要什么器具，也不需要什么玩具，只要有合适的场景就可以。比如说有个垫子，孩子学会趴、学会爬，垫子周围有个扶栏或是沙发之类的，孩子爬到那里就会学扶站，然后到独立站、独立走，这时候大人可以给孩子一个鼓励。如果家里是两个孩子，大孩子是一个很好的示范的作用，是一个榜样。

对于精细运动，我们需要一些特殊的玩具，让孩子通过抓、握、啃、抠、按等方式来学习。所以根据孩子的年龄，家长可以选择由粗到细的玩具，促进孩子的精细运动发育。

长期给孩子使用尿不湿容易形成O型腿吗？
纸尿裤穿戴过程中不会对膝关节发育有任何影响。形成O型腿的原因与自身发育、过早强迫站立、蹦跳、佝偻病等因素有关，也并非缺钙所致。

小女孩几岁开始穿内裤比较合理？
只要不用纸尿裤了，就应穿内裤，不论男婴还是女婴。婴儿还不能自主排尿前，最好还是穿纸尿裤，这样不仅方便，还比较干净。如果担心纸尿裤会捂着孩子，可以在排尿、便后及时更换。千万不要给孩子穿开裆裤！

到底该不该给孩子把屎把尿

现在还有一些家庭，特别是家里的老人，习惯给孩子把尿把便，其实这是一个非正常的刺激，对孩子今后养成自己的排便排尿的习惯并没有什么帮助。虽然这样看起来干净一些，也可以省一些纸尿布，并在规定的时间里让孩子排便排尿，但对孩子的生长发育并没有什么积极的作用。把尿既不利于婴儿髋关节的发育，也容易造成婴儿脱肛、肛裂等现象。不仅不应给小婴儿把尿，也不应给大婴幼儿把尿。

孩子现在都有纸尿裤。随着孩子的生长，他自己就会发觉在纸尿裤中排便排尿会有不舒服的感觉。一旦孩子出现了这样的感觉，那么他就会拒绝在里面排便、排尿，自己想办法去解决。先是尿完后给予家长提示，逐渐过渡到在尿前给予提示，这个过程家长需要耐心等待。一般 2 岁左右，幼儿就能很好地自主控制排尿便了。

另外，夜间是否要给孩子换纸尿裤，取决于孩子是否排了大便。如果孩子没有排大便，并非一定要换纸尿裤，可以

孩子的屁股总是反复发红是怎么回事？

屁股发红是因为局部皮肤受到潮热或是细菌、霉菌的刺激。家长在每次给孩子清理臀部后，不要急于给孩子穿上纸尿裤，要晾一晾，或用吹风机吹一下，等臀部皮肤干爽后，再给孩子涂抹护臀膏。如果臀部皮肤已经出现了问题，不要使用护臀膏，应咨询医生，采取对因治疗的措施。

等孩子醒后再给他更换。因为更换纸尿裤而干扰孩子的睡眠，是得不偿失的。家长要相信纸尿裤的吸水能力，小便后对孩子臀部的皮肤不会有损伤。如果家长真的担心可能会有损伤，可以在给孩子每次清洗后，涂上一层护臀膏。注意：护臀膏是预防臀部皮肤受损的，而不是治疗皮肤受损的，当孩子的臀部皮肤破溃以后，我们就要使用有治疗作用的药膏，比如说鞣酸软膏等。

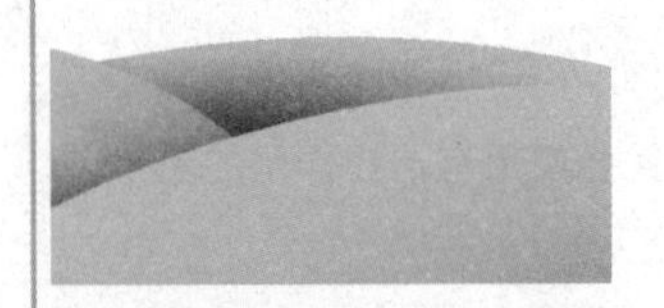

新生儿脐带脱落就不会出现脐带残端感染吗？

有一个实例，宝宝脐带脱落后脐带残端并未完全干燥，还会有一些分泌物，尚未继续清理消毒，加上脐窝较深，结果残端出现感染，并且波及到脐周皮肤出现红肿。分泌物培养为金黄色球菌。所以家长一定要注意，脐带残端脱落后仍需继续消毒，直至残端完全愈合，无任何分泌物为止。

脐带多久掉才正常

新生儿出生后都有一个脐带的残端，因为胎儿是通过脐带从妈妈的胎盘中得到营养。脐带残端一般是在两周左右应该就可以脱掉，脱掉后逐渐形成我们成人的盲端的肚脐，在这两周之内我们一定要好好护理新生儿的脐带。

新生儿脐带刚被剪断后表面特别容易干燥，但是在脐根部之间有一个凹，凹里头可能会存在一些分泌物，所以家长每次消毒的时候不是消毒脐带残端的表面，而应该消毒这个窝部，使它里面的分泌物能够排出来，而且也促进根部的脱离。

如果两周后脐带还没有脱的话，我们应该让医生看看是什么原因。如果我们每次消毒不是很好，形成感染，脱掉以后形成脐茸，会出现局部慢性感染的问题，所以一定要好好护理脐带。

冬天家长总是担心孩子受冷，使用空调、电热毯、电暖风等取暖设备时一定要注意用电安全。

许多家长冬天外出时习惯把孩子捂得严严实实，为了防止漏风，孩子穿的棉衣被绳子系得很紧。这些措施有很大的安全隐患。因为胳膊勒得过紧，导致孩子血液循环出现问题；因为脖子勒得过紧，导致孩子出现呼吸困难。

孩子能不能用电热毯

冬天的时候，有些地方确实是屋子里比较冷，特别是南方。因为睡眠的时候屋子里比较冷，所以有些家庭习惯使用电热毯，那么能不能给孩子用呢？

从理论上讲，没什么不可以用，但是也并不是非用不可，关键是要根据温度来决定。如果真的要给孩子使用电热毯，一定记得要在孩子睡觉时把电热毯关掉。因为孩子本身的代谢就比较旺盛，其实是不太怕冷的，如果持续开电热毯，那么可能会使孩子感觉到燥热、不舒服。

另外，一定要注意安全，如果电热毯带有很多不安全的因素，一旦出现了问题，就会给孩子带来很多伤害。所以我们建议，如果能够不使用，最好不要使用。如果使用，一定要注意安全，安全是第一位的。

冬季室内干燥，可以使用加湿器来增加室内湿度。
加湿器要使用纯净水，还要记得经常清洁。

家长可以用浸满橄榄油或是茶树油的棉签给孩子进行鼻黏膜的涂抹，每天涂抹一到两次，使孩子的鼻粘膜保持湿润，避免出血。

如果孩子的鼻腔分泌物过于干燥并附着在鼻腔内壁上影响呼吸，可用温热毛巾热敷10～15分钟，通过鼻内喷海盐水的方法湿化鼻内干硬分泌物，然后用浸满橄榄油的棉签刺激鼻腔，通过喷嚏将分泌物喷出；也可通过吸鼻器或镊子将鼻内分泌物吸出、取出。但一般不需要动用仪器，也不要为了清理鼻内分泌物而刻意每天进行这些步骤。

冬季孩子鼻内干燥爱抠鼻子怎么办

北方的家庭在冬季比较干燥，所以容易导致孩子的鼻子出现不舒服，因此孩子就可能有抠鼻子的现象，弄不好孩子可能抠破了，就会出血。所以在冬季时家长要注意，家里可以使用加湿器，保证家里的空气尽可能地湿润。家长还可以用浸满橄榄油或是茶树油的棉签给孩子进行鼻黏膜的涂抹。每天涂抹一到两次，就可以使孩子的鼻黏膜保持湿润，从而避免孩子因鼻黏膜干燥而出现的不适表现。减少或避免了孩子抠鼻子的现象，也可以避免孩子鼻出血。

如果孩子真的出现了鼻出血，那么也可以通过擦油的方法使鼻黏膜尽快恢复正常，在冬季只要能够保持室内空气的湿润，就可以避免孩子的鼻腔内出现不适，也可以避免鼻出血。

只要室温保持在24℃～26℃，并且没有直吹风，就可以给孩子洗澡。洗澡可以促进人体循环，利于体内散热和呼吸道内水分增加，有助于上呼吸道症状的改善。所以，有发热、咳嗽等病症时，都可接受洗澡。

建议每天给孩子洗澡，但是不建议每天使用润肤露。对于皮肤干燥的孩子可以选择植物源性的润肤露。对于正常婴儿，每天洗一次澡，每次不要超过15分钟。最好使用温水，尽可能少用浴液，1～2周使用一次浴液即可。

孩子冬天应该多久洗一次澡

天气变冷时，很多家长都咨询多长时间给孩子洗一次澡合适。其实洗澡的次数并不主要，主要的是家里的环境温度。如果环境温度合适，每天都可以给孩子洗澡。家长还要知道，给孩子洗澡用温水就可以，不要每次都使用浴液，否则对孩子的皮肤刺激比较大。

冬季气候比较干燥，特别是北方，家里有暖气，给孩子洗澡以后可以给他涂一些自然提纯的润肤露，这样就可以保持孩子皮肤的干爽。家长要少给孩子使用浴液，多用一些润肤露。

对于生活在南方的家庭，可能家里没有暖气，屋里会有些冷，给孩子洗澡的时候家长要提高室温，要注意给孩子身上完全擦干后再离开浴室，及时穿上衣服，避免孩子着凉。

1 孩子还在发育阶段，体温调节功能差，不适合长时间地泡温泉。

2 如果全家去温泉度假村休闲，可以让孩子短时间接触温泉，或用温泉水洗澡。

3 孩子平常的洗澡水温度，保持在37℃到38℃之间比较适宜。

孩子冬天可以泡温泉吗

冬天到了，很多家长喜欢去泡温泉。有的家长就会询问，能不能带孩子一起去呢？其实，我们是不建议孩子去泡温泉的，因为孩子的体温调节功能比较差，泡温泉的过程中温度比较高，会对孩子的体温调节功能造成影响，这样会对孩子造成一定的损害。同时我们也建议，孩子的洗澡水温度在 37℃到 38℃之间，不要过高或是过低。

另外，泡温泉的过程中由于温度比较高，如果孩子的皮肤血管收缩失控的话，其实对孩子并不好。所以我们建议，在冬季不要带孩子去泡温泉，偶尔用温泉水洗澡是没有问题的，但应避免长时间泡在里面；再者，从卫生的角度讲，温泉水长期保持温热，可能会促使一些细菌生长，对孩子不利，也可能会让孩子继发一些皮肤的感染。

男宝24小时穿纸尿裤，是否会对生殖器有影响?

这点不用担心。一是家长会根据排尿排便，及时更换纸尿裤；二是纸尿裤不会使会阴局部温度提高，最高是体温水平；另外，使用纸尿裤可以相应减轻家长负担和孩子排便后的不适感。只要不是经济原因，还是建议使用纸尿裤。

孩子穿纸尿裤影响未来生育

今天看了一个一岁的小朋友，穿着高腰裤，腰已经快要到胸部了，但却是开裆裤。问家长为什么要给孩子穿这样的裤子，家长说怕孩子的肚子着风，所以把孩子的裤子特意加高了裤腰，但是问家长给孩子穿开裆裤会不会使孩子着风、着凉呢？家长回答说怕孩子穿纸尿裤会影响今后的生育。

纸尿裤在国外已经用了好几十年，并没有发现什么会影响孩子生育的问题，所以家长不要自己遐想，认为给孩子穿纸尿裤会影响孩子未来的生育。家长给孩子穿开裆裤，很容易使孩子肚子着凉，而且孩子的生殖器官直接跟外界接触，还可能会出现局部的感染和损伤，尤其是女孩。所以不建议家长给孩子穿开裆裤。同时，也不建议家长给孩子把便，孩子应该通过引导，学会自己排便。

一胎是剖腹产，二胎能顺产吗？

答：很多妈妈在第一次分娩的时候进行的是剖宫产，所以在生育第二个宝宝的时候，希望可以自然分娩。这个目前通过很好的科学技术完全可以实现。妈妈可以在怀孕时听从医生的指导，保持良好的健康状态，争取第二胎能够自然分娩。自然分娩对于宝宝好处非常多，不仅有利于肺部和大脑的发育，还可以促进宝宝早早接受母乳。

崔医生，大宝19个月，有了二胎还可以继续给大宝母乳吗？

答：母乳是婴儿最佳食物，应首先满足正在接受母乳喂养的婴儿。如果能满足二宝的正常进食，且能够保证大宝在正常母乳之外的进食和生活规律，在母乳过多的前提下，可适当让大宝接受一些母乳。此时，妈妈必须保证自身的营养摄入，身体健康，心情愉悦。再次提醒，一定保证二宝的正常进食和生长。

养育二胎的注意事项

养育第一个宝宝的时候，家长都会或多或少留有遗憾，应该总结经验，在生二胎的时候尽可能避免这些遗憾。妈妈在决定生二胎之前还要检查身体，让身体在最佳状态时受孕。在怀孕期间，妈妈也不要太过于掉以轻心，仍然要定期进行常规的产检。出生时要遵循医生的意见去选择自然分娩或剖宫产，当然自然分娩会更好。生后要尽可能给孩子接受第一口母乳，不要太依赖配方粉，对配方粉过敏的现象现在非常常见，我们建议通过母乳喂养来预防过敏的出现。

有了第二个宝宝，大宝宝仍然是家里的中心。家长应该知道，在两个孩子的养育中我们管老大应该更多一些。因为如果老大各方面发育得好，他会无形中带动老二也发育得非常好。通常在不少家庭里，家长对年龄比较小的孩子照顾得可能会更多，无意中就冷落了年纪大点的孩子。还有些家长认为，老大比老二年龄大，就应该在什么事情上都让着老二，使老大在心理上受到一些不公平的创伤。实际上对于年

二胎孩子更容易生病？

答： 独生子时全家人都会比较注意怎么预防孩子生病，所以很多孩子在三岁内都没有生过大病，而且甚至小病都没有生过。家长对此引以为傲，未必就是非常好的事情。孩子小时候不生病，上幼儿园的那一年会非常频繁地生病，因为孩子免疫力的提高与生病有直接的正相关，生病会促进免疫力的提高。在有老二以后，老大从幼儿园或外界回来会带一些病毒、细菌，在跟老二的接触中，会使老二过早地生病。所以家长要有充分的思想准备，老二生病会比老大早得多。家长不要紧张，小时候生病会利于长大后免疫系统发育得更成熟，不是坏事，反而是好事。

龄较小的孩子主要是生活上的护理，对于大孩子来说应该给予更多的心理护理，如果年龄稍大的孩子心理健康的话，那么他的行为会影响到年龄较小的。这也就是我们所说的“管大的，带小的”，而不是将注意力全集中在小的身上，同时还要求大的做到必须服从和事事礼让，这是极为错误的观念。

所以我们一定要做到，当大的孩子在生活上需要的护理减少时，应该给予他们更多的心理护理，特别是父亲方面的。因为妈妈可能会将更多的精力放在年龄较小的孩子身上，那么爸爸一定多分些时间照顾一下大的孩子。大的孩子心理健康，对年龄较小的孩子的生长发育非常重要。老大会认为自己在老二的成长发育过程中起了很重要的作用，比如怎么给弟弟妹妹挑选衣服、选玩具，怎么让弟弟妹妹更开心高兴。老大的身心健康是一个好榜样，我们一定要把这个榜样作用在家庭里树立起来，让兄弟姐妹之间互助友爱，而不是充满嫉妒心或畏惧感。

孩子两个多月了，晚上能持续睡5小时以上，甚至能睡10个小时，请问会饿吗？

两个月婴儿应对昼夜有所反应，开始夜间逐渐睡长觉，完全是正常现象，没必要刻意将孩子叫醒喂奶。孩子，包括婴儿，都知道饥饱，如果婴儿饿了，首先是先清醒，继之哭闹。睡眠时代谢慢且生长激素分泌旺盛，利于生长，绝对不会在睡眠期间没有任何先兆而出现低血糖等异常现象。家长需要关注的是孩子生长状况、睡醒后的精神状况及生活规律自然保持的情况。

满月的婴儿可以抱着摇晃吗？

小婴儿大脑尚未发育成熟，其中大脑生发中心（类似海绵状血管的组织）特别易受损伤而引发颅内出血，所以不能频繁摇晃小婴儿，以防颅内出血。医学有“摇晃综合征”的说法。婴儿哭闹必有原因，不要仅通过摇晃缓解哭闹。对于早产儿，生后尽可能保静，也是出于这样的目的——预防颅内出血。所以建议家长们哄孩子睡觉的时候，不要摇晃孩子。

如何让宝宝睡整觉

孩子在满 2～3 个月以后，夜间就会出现逐渐睡长觉的现象，可能由 3 个小时、4 个小时逐渐增长。这个时候家长不要为了喂养，而打扰孩子睡觉。孩子饿的时候会先醒，不会因为饥饿在睡觉的过程中造成很严重的问题。所以家长一定要尊重孩子，在夜间不要有过度的打扰。

再有，任何人睡觉的时候都不可能一声不吭、一动不动，孩子也是一样的。所以不要认为孩子在睡觉的时候，因为出个声音或者翻个身等情况，就要哄孩子、抱孩子、搂孩子甚至拍孩子，这样反而会打扰孩子，让孩子清醒。

所以，建议家长在孩子睡觉的时候尽量尊重孩子，不要过度打扰，让孩子能够养成自己睡长觉的习惯。

如何纠正孩子的错误行为?

实际上，三岁之内孩子基本没有什么伦理观，所谓的错误是根据大人的伦理来判断的，也就是说，当孩子犯错误的时候，不要去用我们的言语教育他或惩罚他，因为他不知道为什么要这么做，而是要用淡化的方式。

当孩子犯错误或是打人、抓人、挠人、咬人、扔东西等时大人都没有反应，没有表现出任何的喜怒哀乐，孩子就会觉得他所做的这些事情是没有趣味的，就会慢慢淡忘。

而越是强化地去纠正、惩罚孩子，越是会给他留下深刻印象，孩子反而会继续保持下去，甚至会越来越严重。所以大人面对孩子，一定要特别镇静，装作没有发生一样，使孩子逐渐淡化不好的行为。

如何尊重孩子

孩子虽然身心都处于不成熟的阶段，但他们是独立的个体，拥有自己的思想和看法，需要得到尊重。很多家长非常爱自己的孩子，但爱孩子不等于尊重孩子。

尊重孩子首先要了解孩子

现在很多家长，号称是爱孩子，甚至说自己溺爱孩子到无以复加的程度。但反过来，根本就不了解孩子。什么时候饿了，什么样情况下是吃饱，什么时候困了可以自己睡觉，什么时候喜欢玩，应该在什么时间给孩子喂饭，以及什么样的方式孩子会喜欢或接受饭等，其实我们都要注意，我们在爱中一定要体会尊重。

大人是孩子的榜样，尊重孩子大人做出自己的表率。如果大人没有起很好的表率作用，孩子就不知道按什么方向去发展，甚至会把大人认为错误的东西学到。

家长日常处理事情的方式对孩子心理成长影响很大。

带孩子吃药打针最好明说，鼓励孩子勇敢坚强。

小孩子不一定能明白家长说的所有道理，但他会努力接受。

跟孩子讲道理对孩子是一种尊重，也会起到表率作用。

忌用善意的谎言欺骗孩子

许多孩子对到医院打预防针表现出反感，因为会有不舒服的感觉或是痛苦的经历，这是非常正常的现象。家长不要为了让孩子能够顺利来到医院而刻意欺骗孩子，这样反而会适得其反。

有的孩子到医院打针会表现出强烈的抵抗，或是剧烈的哭闹，当问及是否是因为疼痛的时候，孩子否认说不是，其实是因为妈妈对他说今天只是来医院玩的。这种前后不一，会让孩子感觉受到了欺骗，非常委屈。其实孩子是很聪明的，妈妈只要向孩子说明去医院打预防针的原因，是为了他的健康，并表现出坚定的态度，孩子也许不会非常明白，但还是可以接受的。虽然他可能也不是十分地愿意，但总好过他感觉到被欺骗后而表现出强烈的反抗和事后心理可能出现阴影。

家长不要对此不以为然，以为是对孩子好就行。要知道，孩子的心灵是很脆弱的，有时大人虽然只是撒了善意的谎言，但对孩子造成的伤害却是无法预估的。

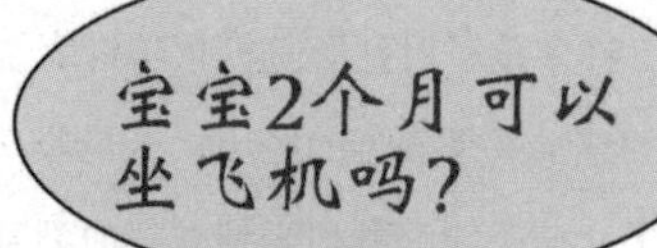

任何年龄的婴儿只要健康，就可乘火车和飞机。乘火车时，最好选择环境清洁的列车，速度越快，时间相对越短越好。乘飞机时，飞机升降过程中，最好不要让婴儿睡觉，可以与其说笑或让他吸安抚奶嘴，以免机舱内压力变化导致儿童耳膜不适，引发哭闹。飞机升降时，最好不喂奶，以免颠簸造成呛奶。

假日喂养护理孩子的注意事项

春节期间，有些孩子与大人在家团聚，有些孩子可能随大人外出旅游，不论是在家还是外出旅游，家长一定要注意孩子的进食情况：第一，尽可能按照原有规律饮食进食；第二，食物的味道不要过重，特别是对一岁以内的孩子，以免孩子对今后的辅食失去兴趣；第三，食物的种类，不要给孩子添加过去从来没有吃过的食物，以免出现过敏等问题；再有，孩子进食时，一定要注意安全，不要因为孩子哭、闹、乐、跑造成食物进入到气管从而引发意外。所以春节期间，希望大家能够尽可能保持孩子原有的进食规律，度过愉快的春节假期。

过节期间大家都不希望孩子生病，但是一旦孩子生病，大家也不要惊慌。有一次我遇到一个四个月的小病人，仅仅是因为咳嗽，家长就给他吃红霉素的消炎药、利巴韦林颗粒的抗病毒药、艾畅所谓感冒的药还有咳化痰药，结果感冒没有好，咳嗽仍然存在，还出现拒绝吃奶，拒绝吃饭，并开

可以托着孩子在大人腿上蹦吗？

经常看见大人为了逗孩子开心，托着只有几个月的小朋友的双腋下在大人腿上蹦，孩子被逗得大笑。看似双方都很开心，但其实这样频繁地蹦对孩子的双下肢发育不利，一旦脱手还容易造成更严重的伤害，所以不建议大人与孩子之间采用这种互动方式。

始出现腹泻和呕吐的情况。所以，家长遇到孩子生病不要惊慌，仅仅感冒、鼻子堵的话，可以给他用温盐水喷鼻或者是热毛巾敷鼻，或者大人洗澡的时候抱着他在浴室里待一段时间，蒸汽会有助于分泌物的排出。

春节期间，家里来人会增加，带孩子走亲访友和外出的机会也会增多，孩子在短时间内会接触很多他认为陌生的人，可能会增加孩子的陌生感，家长不要刻意强迫孩子与那些他认为陌生的人尽快密切接触。家长应该作为表率与这些所谓的陌生人有亲密的接触，使孩子能够逐渐了解这些陌生人是他的亲朋好友，消除这种陌生感。春节期间这种活动会让孩子的社交能力有明显的提高，家长一定要抓紧这样的机会，既不强迫孩子，又让孩子很快能够适应，训练提高孩子的社交能力。

一般现在的游泳池还是比较干净的，在孩子游完泳以后回家，家长及时地给孩子洗澡，这样是不容易被传染上疾病的。所以只要家长带孩子去比较好、比较干净的游泳池，孩子游泳完事以后再做一些卫生护理，那么孩子是不会出现什么状况的。

婴儿游泳的注意事项

夏天的时候，常常会有一些家长来问：现在很流行婴儿游泳，说是可以促进宝宝智力发育，增强抵抗力；也有观点说游泳圈会造成宝宝脊椎发育不良。请问婴儿游泳可行吗？如果可以，孩子出生多久后可以游泳？还有的家长说，孩子死活不肯游泳，怎么办？

只要条件允许，多大的婴儿都可以游泳。但是在此建议，在游泳时不要给小婴儿带颈圈式的救生圈，这样会对颈椎或脊椎发育不利，当然也没有必要刻意强求孩子去游泳。

如果孩子游泳的时候害怕怎么办？家长应首先试水，做示范动作。因而我们鼓励亲子游泳，看到家长试水，孩子会逐渐接受。家长也不要一开始就一下子把孩子放进水中，造成孩子的惊恐。

再有，大人带孩子的心态对婴儿发育也很重要。对于孩子不喜欢游泳的问题，其实家长应该放平心态来理解。游泳本身是一项运动，不管是对大人还是孩子，都是非常有益

孩子眼睛进异物了怎么办？

孩子眼睛里进入沙粒等异物，最好的办法并不是拿手或是用湿布去擦，而是用水冲。孩子哭闹过程中产生的眼泪就可以起到冲洗异物的作用，还可以选用生理盐水等去给孩子冲洗眼睛，直到把异物冲出为止。异物被冲出后，孩子的眼睛局部可能因摩擦而有些红肿，家长可以给孩子继续使用生理盐水冲洗，达到抑菌效果。如果摩擦较严重，可以再适当用些消炎抗菌的眼药水。

的。但是也不要把游泳看得非常神奇，认为游泳以后会更聪明，更协调，更健壮。

任何运动，特别是趴着，对婴儿运动能力都是很好的锻炼。所有运动都与大脑发育息息相关，但不要只局限于游泳，也不要过于强调某种运动的绝对重要性。所有的运动，孩子都应该去接触，没有什么特别可以，也没有什么特别不可以。

15天的宝宝脐带脱落后肚脐有点白白黏黏的，正常么？

新生儿出生后大约两周，脐带残端会脱落。脐带残端刚脱落初期，脐窝内会有少许分泌物，甚至脓性。继续用酒精或碘伏消毒脐窝根部，每天2～3次，并暴露局部（千万不要用纱布等覆盖），一般再过两三天脐窝会完全干燥。如果仍然有渗出或局部红肿，应该到医院检查，接受专业治疗。

宝宝出生十二天，肚脐眼处出了点血，严重吗？

绝大多数新生儿出生后两周内脐带脱落，再一两天后脐窝干燥。少些新生儿脐带脱落后，局部会有渗水、渗血。如果渗水类似尿液，应该进行B超检查，排除有无脐尿管漏。如果有渗血，应排除脐茸等脐带残端增生等问题。到医院后，医生会清洗局部并加药物治疗。总之，应该请医生检查，再作处理。

新生儿脐带异味怎么办

新生儿出生后有一个特殊的护理就是脐带护理。脐带在孩子出生后就会被剪断，很快它的盲端就会形成干痂然后覆盖在脐窝上，就会使脐窝内特别容易存在一些分泌物，会发出异味。所以家长每天给孩子进行清洗、消毒的时候，并不是仅仅擦拭脐带根部表面，应该把脐带根部适当拎起，擦拭脐窝里面，因为里面特别容易有细菌或是异物存留，导致今后的感染，只有把脐窝清洗干净才能避免真正的感染。当脐带脱落以后，因为残端会留有破口，需要继续护理两三天。若有残余的干血痂，可用温生理盐水湿敷，待血痂变软后，再清理和消毒。

平时家长发现孩子脐带有异味都是因为孩子脐窝内有分泌物，所以消毒脐窝比消毒脐带的表面重要得多。

穿袜子是一种生活习惯，如果孩子从小就不穿袜子，甭管是冷天还是热天，只要孩子适应了就都不是问题。

如果孩子从小就能接触室温下的水、水果和饭的话，那么就没有问题。

如果孩子平常吃的都是温热的，突然吃凉的东西可能会出现胃肠不适，所以家长一定要遵循孩子的生活习惯。

到底该不该给孩子穿袜子

总有很多问题困扰着家长，比如说该不该给孩子穿袜子？其实给孩子穿袜子并不是一个问题，而是一种生活习惯，如果孩子从小就不穿袜子，甭管是冷天还是热天，只要孩子适应了就都不是问题。所以家长不要去纠结该不该给孩子穿袜子，而是要考虑孩子是否能习惯。

除了穿袜子以外，还有孩子能不能喝凉水？能不能吃室温水果？饭凉了能不能吃？这些问题都是一样的。如果孩子从小就能接触室温下的水、水果和饭的话，那么就没有问题；如果孩子平常吃的都是温热的，突然吃凉的东西可能会出现胃肠不适，所以家长一定要遵循孩子的生活习惯。